ICT活用のための情報リテラシー

杉本雅彦／郭 潔蓉／岩﨑智史 共著

ムイスリ出版

まえがき

１年次春学期の全学部必修科目である「情報処理基礎Ⅰ（通学）」、「情報処理基礎Ⅰ（通信）」は、東京未来大学の全学生がコンピュータを活用し、今後の大学生活および社会人としての生活に不可欠なパソコンやネットワークについての基礎的な知識と技能を修得することを目標としている。具体的には、基本的な機器操作や情報の収集（インターネットを利用した検索）、文書の作成（ワープロ）、情報の操作（表計算の操作）、プレゼンテーション用スライドの作成、そして、プログラミングを行う。最終的に情報処理技能を駆使し、図表を含む説得力ある内容のレポートや論文を作成できるようになることが目標である。

本テキストは、Microsoft Office365 に対応するように作成した。また、本学学生のニーズに合わせるため、本テキストのタイトルを「ICT 活用のための情報リテラシー」として、より理解しやすいものにした。その他にも個人で所有しているパソコンについても対応するため、パソコン管理や、情報セキュリティーについて解説し、e ラーニングシステム、そしてプログラミングについても補足した。

本テキストは、「情報処理基礎Ⅰ（通学）」、「情報処理基礎Ⅰ（通信）」の教科書として作成されており、東京未来大学のポータルサイトから、授業で扱うアプリケーションソフトの操作方法に至るまで、図を用いてわかりやすく書いてある。また、各章には演習問題が載っているので、より発展的な技能習得を目指して取り組んでほしい。また、本テキストは情報処理基礎Ⅰの授業後も、ゼミでの資料作成や卒業論文の作成などでコンピュータが必要になった際に、復習として利用できるように作成されているので、大切に使用されたい。

最後に、本テキストの作成にはムイスリ出版株式会社の橋本有朋氏に、多くの要望を受け入れていただいた。この場をお借りして、深く感謝申し上げる。

2024 年 1 月

東京未来大学 モチベーション行動科学部 教授
杉本　雅彦

目 次

第1章　情報システムの利用方法

本章では、情報システムとしてパソコンの使い方について学ぶ。

1.1 パソコンの操作方法

Windows 系のパソコンを以下の手順を参考に、使ってみよう。

1.1.1 マウス

- **クリック**：マウスの左ボタンを一度押して離す操作。
- **右クリック**：マウスの右ボタンを一度押して離す操作。メニューを表示させるのに便利。
- **ダブルクリック**：マウスの左ボタンを連続して２回素早く押して離す操作。アプリケーションの起動やフォルダーを開くときなどに行う。
- **ドラッグアンドドロップ**：マウスの左ボタンを押したまま、マウスを動かす操作。ファイルやフォルダーの移動などに行う。
- **長押し**：マウスの左ボタンを数秒間押したままにする操作。ファイル名の変更などに行う。
- **ホイールスクロール**：左右ボタンの間に付いているホイールを前後にまわす操作。Web ブラウザやアプリケーションソフトなどのウィンドウを上下させる。

1.1.2 タッチパッド

タッチパッドは、ノートパソコンなどのキーボードの下部にある、四角形の操作盤のことをいう。タッチパッドでは、左クリック・右クリック・スクロール・ドラッグ&ドロップ・ポインターの移動など、カーソル操作の全てがマウスを接続せずに行うことができる。

（1）タッチパッドのボタン

左タッチパッドボタンを押してクリックする動作は、アイテムを選択するなどで使用する。この操作はマウスの左クリックと同様になる。

また、右タッチパッドボタンを押して右クリックする動作は、Windows アプリでアプリコマンドを開くか、デスクトップアプリでコンテキストメニュー（右クリックメニュー）を開くなどで使用する。この操作はマウスの右クリックと同様になる。

（2） 1本指のタップ

タッチパッド上の任意の場所を、1本の指でタップ（指先で軽く叩く）する動作は、アイテムを選択するなどで使用する。この操作はマウスの左クリックと同様になる。

（3） 2本指のタップ

タッチパッド上の任意の場所を、2本の指でタップする動作は、Windows アプリでアプリコマンドを開くか、デスクトップアプリでコンテキストメニューを開くなどで使用する。この操作はマウスの右クリックと同様になる。

（4） 1本指のドラッグ

タッチパッド上を指でドラッグする動作は、カーソルの移動に使用する。この操作はマウスの移動と同様になる。

（5） 3本の指で上方向へスワイプする

3本の指をタッチパッドの上に向かってスワイプ（触れた状態で指を滑らせる）する動作は、仮想デスクトップの表示に使用する。この操作は画面の右端から内側へスワイプするのと同様になる。

（6） 左クリックしてドラッグ

左タッチパッドボタンを押したまま、任意の方向に指をスライドさせる動作は、アイテムの移動またはテキストの選択に使用する。この操作は左ボタンを押したままでのマウスの移動と同様になる。

（7） ダブルタップしてドラッグ（タップ アンド ハーフ）

タップした直後にもう一度タップし、ドラッグする動作は、アイテムの移動または、テキストの選択に使用する。この操作は左ボタンを押したままでのマウスの移動と同様になる。

（8） スクロール

2本の指を水平または垂直にスライドさせる動作は、画面またはドキュメントをスクロールする場合に使用する。この操作は画面上でスクロール ボタンをドラッグするか、マウスのスクロール ホイールを使用するのと同様になる。

（9） ピンチまたはストレッチ

画面上で2本の指をつまむように同時に近付けるか（ピンチ）、遠ざける（ストレッチ）動作は、操作対象を拡大または縮小する場合に使用する。タッチスクリーンでのジェスチャと同様になる。

1.1.3 キーボード

キーボードは、文字入力以外に、他のキーと組み合わせて使うことで利便性が向上する。

(1) 文字入力

記号キーの呼び方は下記の通りである。[Shift]キーを押しながら記号キーを押すと入力される。また、下記の呼び方を入力するとその記号に変換できる。

記号キーの一覧

~	チルダ	*	アスタリスク
;	セミコロン	:	コロン
,	カンマ、コンマ	.	ピリオド
＼	バックスラッシュ	¥	円マーク
#	ナンバーサイン、いげた	^	ハット
/	スラッシュ	&	アンパサンド（アンド）
‘	（シングル）クォーテーション、引用符	“	ダブルクォーテーション
`	バッククォート	@	アットマーク
_	アンダーライン、下線	|	バー、縦棒
<	小なり	>	大なり
()、「」、【】、[]、〔〕、〈〉《》、『』			かっこ

(2) 日本語入力

下記のキーボード操作を行い、日本語などの入力変換を行う。

- [**半角／全角**]キー：英数直接入力と日本語入力の切り替え
- [Alt]＋[**ひらがな**]キー：かな入力とローマ字入力の切り替え
- [Shift]＋[Caps Lock]キー：大文字入力と小文字入力の切り替え

(3) Microsoft IME の設定

Microsoft IME を以下の手順で操作すると、句点・読点の変更や半角・全角スペースの変更が行える。

● 句読点の変更、および半角・全角スペースの変更

① 画面右下の Microsoft IME の右下の（A）を右クリックし、[設定]を選択する。

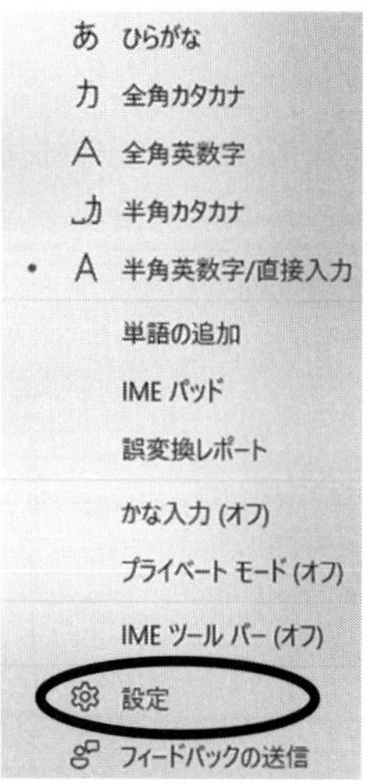

② Microsoft IME の設定で「全般」を選択する。

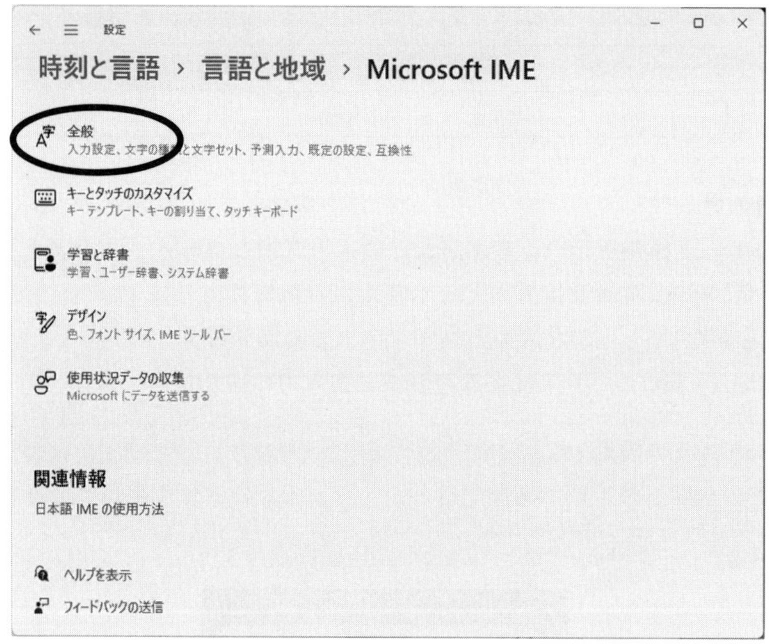

③ [**Microsoft IME の全般**]が表示されるので、[**入力設定**]のうち、[**句読点**]、もしくは[**スペース**]により変更される。

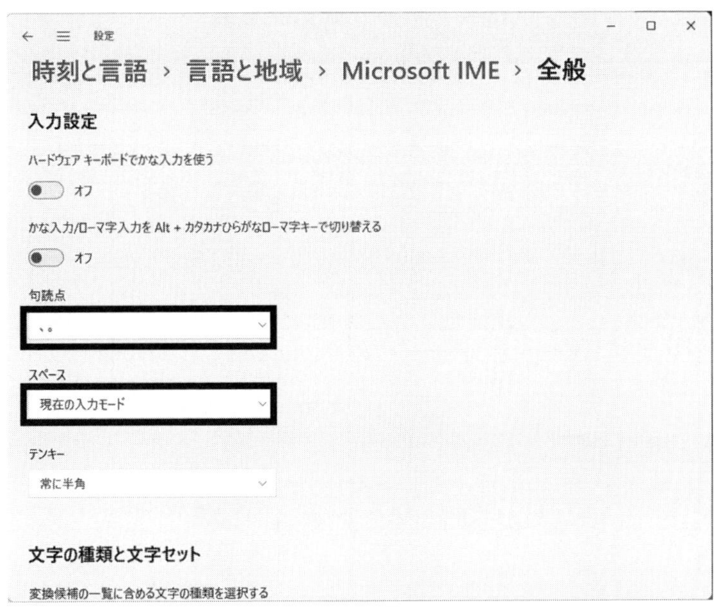

（4）ローマ字かな対応一覧

次のローマ字かな対応一覧表を参考に、入力を覚えよう。

ローマ字かな対応一覧表

あ	あ A	い I	う U	え E	お O
	ぁ LA XA	ぃ LI XI	ぅ LU XU	ぇ LE XE	ぉ LO XO
	うぁ WHA	うぃ WHI WI	う WHU	うぇ WHE WE	うぉ WHO
	ヴァ VA	ヴィ VI	ヴ VU	ヴェ VE	ヴォ VO
か	か KA	き KI	く KU	け KE	こ KO
	が GA	ぎ GI	ぐ GU	げ GE	ご GO
	きゃ KYA	きぃ KYI	きゅ KYU	きぇ KYE	きょ KYO
	くぁ QA	くぃ QI	く QU	くぇ QE	くぉ QO
さ	さ SA	し SI SHI	す SU	せ SE	そ SO
	ざ ZA	じ ZI JI	ず ZU	ぜ ZE	ぞ ZO
	しゃ SYA SHA	しぃ SYI	しゅ SYU SHU	しぇ SYE SHE	しょ SYO SHO
	じゃ ZYA JA	じぃ ZYI	じゅ ZYU JU	じぇ ZYE JE	じょ ZYO JO
た	た TA	ち TI CHI	つ TU TSU	て TE	と TO
	だ DA	ぢ DI	づ DU	で DE	ど DO
	でゃ DHA	でぃ DHI	でゅ DHU	でぇ DHE	でょ DHO
	ちゃ TYA	ちぃ TYI	ちゅ TYU	ちぇ TYE	ちょ TYO
	ぢゃ DYA	ぢぃ DYI	ぢゅ DYU	ぢぇ DYE	ぢょ DYO
			っ XTU		

な	な NA	に NI	ぬ NU	ね NE	の NO
	にゃ NYA	にぃ NYI	にゅ NYU	にぇ NYE	にょ NYO
は	は HA	ひ HI	ふ HU FU	へ HE	ほ HO
	ば BA	び BI	ぶ BU	べ BE	ぼ BO
	ぱ PA	ぴ PI	ぷ PU	ぺ PE	ぽ PO
	ひゃ HYA	ひぃ HYI	ひゅ HYU	ひぇ HYE	ひょ HYO
	ふぁ FA	ふぃ FI	ふ FU	ふぇ FE	ふぉ FO
	ぴゃ PYA	ぴぃ PYI	ぴゅ PYU	ぴぇ PYE	ぴょ PYO
	びゃ BYA	びぃ BYI	びゅ BYU	びぇ BYE	びょ BYO
ま	ま MA	み MI	む MU	め ME	も MO
	みゃ MYA	みぃ MYI	みゅ MYU	みぇ MYE	みょ MYO
や	や YA	い YI	ゆ YU	いぇ YE	よ YO
	ゃ XYA	ぃ XYI	ゅ XYU	ぇ XYE	ょ XYO
ら	ら RA	り RI	る RU	れ RE	ろ RO
	りゃ RYA	りぃ RYI	りゅ RYU	りぇ RYE	りょ RYO
わ	わ WA		う WU		を WO
ん	ん NN				

促音（つまる音）は子音字を重ねて表記する。

例）がっこう　gakkou

1.1.4 タッチタイピング

タッチタイピング（タッチタイプ）とは、キーボードを見ないで文字入力を行うことである。キーボードの[F]と[J]キーに、左手と右手の人差し指を置く形式を**ホームポジション**という。タッチタイピングの練習ができる無料Webサイトを以下に紹介する。

- **寿司打**　https://sushida.net/
- **e-typing**　http://www.e-typing.ne.jp/
- **元気・やる気が出る言葉！タイピングゲーム**
  http://www.spitz8823.com/typing/daken-joukyuu04/type.cgi

1.2 構内無線LAN

東京未来大学では、構内無線LANにeduroam JPを使用している。eduroam JPは、大学等教育研究機関の間でキャンパス無線LANの相互利用を実現する、国立情報学研究所(NII)のサービスである。国際無線LANローミング基盤eduroamは、業界標準のIEEE802.1Xに基づいており、安全で利便性の高い無線LAN環境を提供している。

現在、国内239機関(46都道府県)、世界約101か国(地域)がeduroamに参加している。eduroam JPのサイトでは、日本におけるeduroamの動向や関連情報、利用情報、および技術情報などを提供しているので、以下にアドレスを示す。

- eduroam JPサイト　http://www.eduroam.jp/

1.3 CoLS（eラーニングシステム）

eラーニングシステムとは、ネットワークや電子メディアなどの情報技術を活用した教育・研修システムである。

eラーニングはネットワークを利用した学習なので、ネットワークに接続可能な場所ならどこからでも利用ができる。自宅や外出先からでも授業に参加ができる。また、授業開始の時間が決まっていないことも多いので、学習者が自分のペースで勉強を進めることができたり、好きな時間に好きな場所で学習を開始できたりする。このように、毎日決まった時間に指定された教室に行くといった制約がいらないので、eラーニングは大学だけでなく、進学塾や企業研修などでも利用されている。

東京未来大学では、CoLSというeラーニングシステムを活用している。CoLSの主な機能は下記の通りである。

- 学内に関する連絡（掲示板）
- 講義に関する連絡（掲示板）

- 授業のコース（教材、課題提出、レポート提出、出席確認など）

学内からの連絡は、CoLS を介して行われるため、以下の方法を習得すること。

1.3.1 ログイン

① **CoLS**（https://www02.tokyomirai.net/Portal/Secure/login.aspx）のログイン画面にアクセスする。

② CoLS のログイン画面から**ログイン ID** と**パスワード**を入力する。

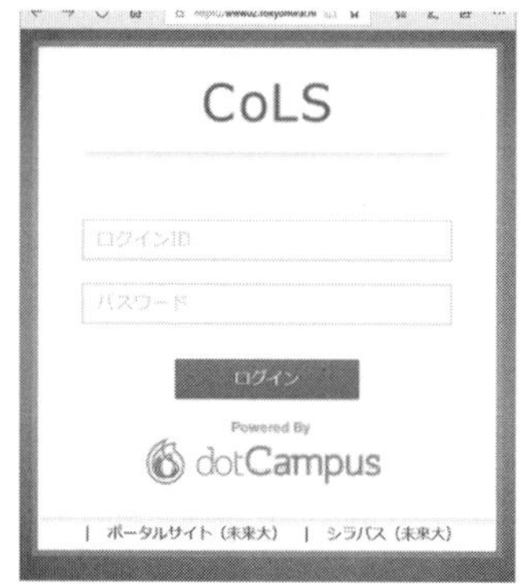

③ CoLS の画面が表示される。

1.3.2 ログアウト

CoLS を終了するときは、画面右上の[**ログアウト**]をクリックする。または、ブラウザを閉じる。

1.4 ファイルシステム

情報処理室のパソコンで作成した文書ファイルなどは、そのパソコンのみで保存、編集が可能である。そのため、他のパソコンで編集作業を行いたい場合は、例えば**USB メモリ**などを持参し、毎回、これに保存することを推奨する。ただし、まれに USB メモリに**ウイルス**が存在し、これが感染してしまう問題が発生していることから、正規のルートでこれを購入し、かつ、定期的にウイルスチェックを行うなどの対策を行っていただきたい。

1.4.1 USB メモリの操作方法

① **USB メモリ**をパソコンの USB に差し込む。

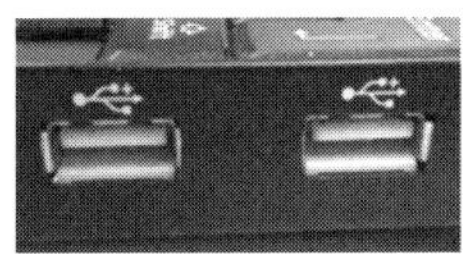

② [**自動再生**]画面が表示され、[**フォルダーを開いてファイルを表示**]を選択する。

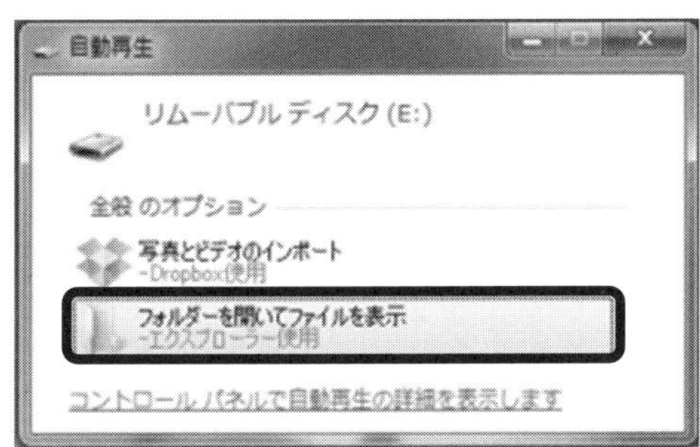

③ USB メモリ内が表示される。

1.4.2 USBメモリへの保存方法

文書や表計算ソフトなどで作成したファイルは、下記の手続きで保存が可能である。

① [**ファイル**]→[**名前を付けて保存**]を選択する。

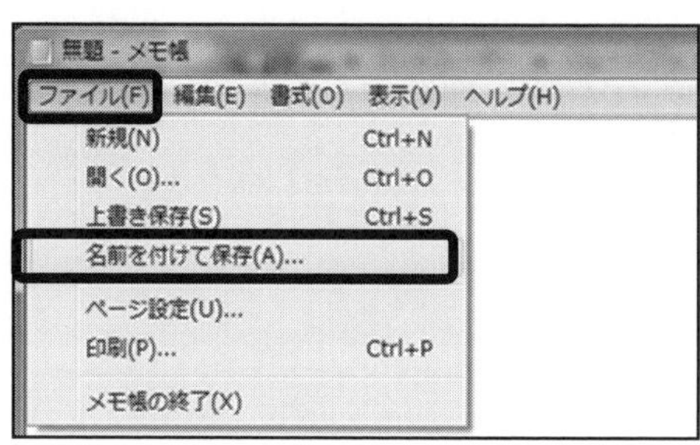

② [**リムーバブル　ディスク**]を選択し、[**ファイル名（N）:**]に任意の名前を記入した後、[保存]をクリックする。

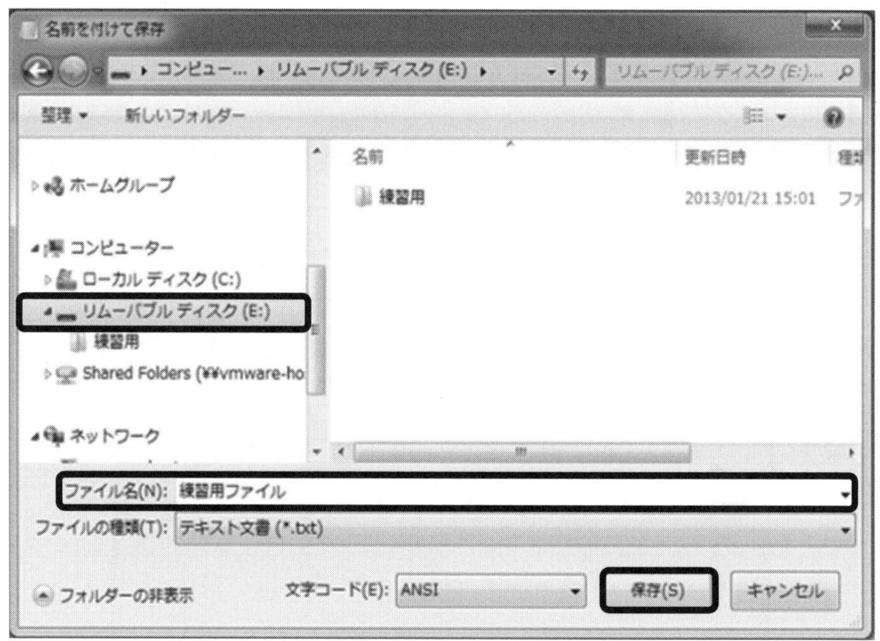

1.4.3 新規フォルダーの作成

①「**右クリック**」→［**新規作成**］→［**フォルダー**］の手順で、新規フォルダーが作成される。
　※［**新しいフォルダー**］をクリックすることでも作成可能。

②［**新規フォルダー**］に任意の名前を付ける。
　※［**新規フォルダー**］を右クリック、もしくは、[**F2**]ボタンで名前の変更が可能。

1.4.4 フォルダーやファイルの削除（ごみ箱）

東京未来大学のデスクトップ上のごみ箱の中身は、パソコン終了時に削除されることがある。そのため、USB メモリなどに定期的に保存すること。

① 当該ファイルを「**右クリック**」する。
②［**削除（D）**］を選択する。
③「**ごみ箱**」を「**ダブルクリック**」し、［**ごみ箱を空にする**］をクリックすると、「**ごみ箱**」内のファイルがすべて削除される。

1.5 情報セキュリティ

情報セキュリティとは、私たちがインターネットやコンピュータを安心して使い続けられるように、大切な情報が外部に漏れたり、ウイルスに感染してデータが壊されたり、普段使っているサービスが急に使えなくなったりしないように、必要な対策をすることである。

1.5.1 情報セキュリティの3要素

情報における不正行為を防ぐための方策として、次の3要素をバランスよく維持管理していくことが必要になる。

機密性：認可された者だけが、情報にアクセスできることを確実にする
完全性：情報や処理が、正確であり、かつ安全でもあることを保護する
可用性：認可された利用者が、必要なときに情報にアクセスできることを確実にする

1.5.2 情報漏えいの10の落とし穴

個人情報が漏えいしている原因を、10の落とし穴として以下に説明する。

① **習慣**：個人情報保護法の改定に対する認識不足により、今までの習慣で行っていたことが認められなくなっていた。
② **うっかり**：Bccで送るはずのメールをCcで送り、個人のメールアドレスが漏えいした。
③ **油断**：顧客情報の入ったパソコンを置き忘れて盗難にあった。
④ **ずさん**：契約書に書かれている守秘義務や監査規定が空文化し、情報漏えいの発見が遅れた。
⑤ **公然化**：パスワードの公然性、使い回しが原因で、不正アクセスを誘発し、情報漏えいした。
⑥ **丸見え**：ある団体で窓口に寄せられる情報がネットに流出し、相談内容が丸見えになっていた。ネットの知識がある人には、簡単に閲覧できるようなシステムセキュリティになっていた。
⑦ **ウイルス感染**：ファイル交換ソフトを使用し、情報漏えいを誘発するウイルスに感染していた。
⑧ **ブログやSNSへの書き込み**：ブログやSNSなどの利用者が、不用意に知り合いの個人情報や社内事情を愚痴り・批判して、個人のプライバシーや会社の機密情報が漏えいした。
⑨ **犯罪**：個人情報漏えいが事件になることを知った悪意のあるものが、脅迫して金品を得ようとして犯罪を起こした。
⑩ **認識不足**：認識不足によって、知らぬ間に情報漏えいしていた。

1.5.3 Windowsのセキュリティ対策

WindowsやOfficeなどのソフトは常に最新の状態にアップデート（更新）しておかないと、ウイルスなどに侵入される危険がある。Windows Update (Microsoft Update) は自動で行われるように設定しておくこと。

ウイルス対策ソフトは、Windowsではある程度役に立つのでぜひ活用すること。Windows8

以降には Windows Defender というウイルス対策ソフトがもともと入っているので、それを活用するとよい。

また、付加価値を付けた有償のウイルス対策ソフトが、パソコンショップやネットで販売されているが、なかにはトラブルをよく起こすものもあるため、評判を調べてから選ぶこと。

演習問題 1.1

タッチタイピングの練習 Web サイトにアクセスし、ローマ字かな入力を習得せよ。

演習問題 1.2

CoLS にログインし、CoLS の機能を確認しなさい。

演習問題 1.3

デスクトップに「**練習用**」フォルダーを作成しなさい。さらに、「**練習用**」フォルダー内に任意のフォルダーを複数作成しなさい（フォルダー名は自由）。

演習問題 1.4

「**メモ帳**」（左下の[Windows]ボタン→[**すべてのアプリ**]→[**メモ帳**]）を立ち上げ、任意の文字を入力しなさい。その後、「**文字入力**」というファイル名を付け、「**演習問題 1.3**」で作成した「**練習用**」フォルダーに保存しなさい。

演習問題 1.5

「**演習問題 1.3**」と「**演習問題 1.4**」で作成したファイルとフォルダーを削除しなさい。その後、「**ごみ箱**」の中身をすべて空にしなさい。

第 2 章　電子メールと情報検索

本章では、東京未来大学のメールシステムの使い方とWebブラウザを活用した**情報検索**の方法について学ぶ。教職員との連絡はもちろん、教育実習や就職活動のときなど、企業や公的機関とのメールの送受信は、メールアドレスを介して本学の学生であることを相手に認識してもらうことが重要である。プライベートのスマートフォンのメールアドレスやフリーメールアドレスなどを利用すると、メールアドレスによる発信元の推定が不可能であったり、まれに広告文が掲載されたりすることから、相手の信頼を低下させてしまうことがある。また、振り分け機能により「**ゴミ箱**」に届いてしまい、送ったメールを相手に読んでもらえないなどのトラブルが生じることがある。そのため、学内のメールアドレスの用途をしっかり理解し、積極的に活用する習慣と技術を身に付けよう。

2.1 学内メール(Gmail)の使い方

東京未来大学の学内メールは、Google 社が提供する **Gmail** を利用している。Gmail を用いたメールの送受信は、Webブラウザを使って行う。なお、学内メールは、スマートフォンのアドレスに転送することが可能である。また、スマートフォンやiPadなどのGmailアプリを用いることで、学内アドレスによる送受信が可能となる。以下、この手順について解説する。

2.1.1 Webブラウザによる学内メールの確認・設定

東京未来大学の学内メールシステム、および教職員・学生個人のPC等にインストール可能なマイクロソフトOfficeダウンロードサイト（在籍・在学中は個人PC5台まで無料でインストール可）へのアクセス方法を以下に示す。

① CoLSのログイン画面を開き、画面下方の「ポータルサイト（東京未来大学)」をクリックする。

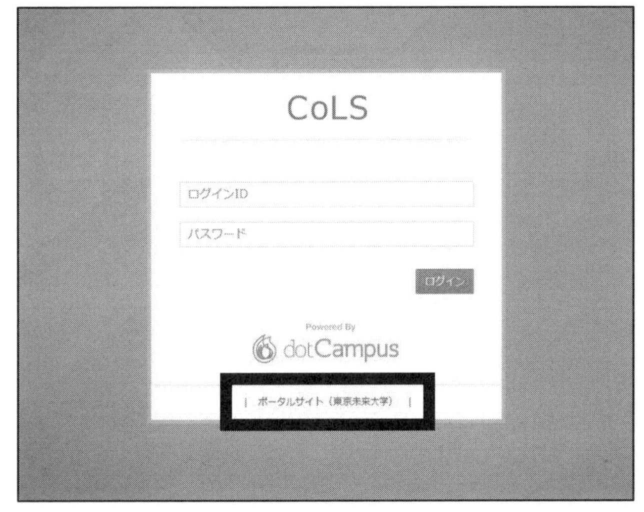

② ログイン画面が表示されたら、配付されたIDとパスワードを入力する。

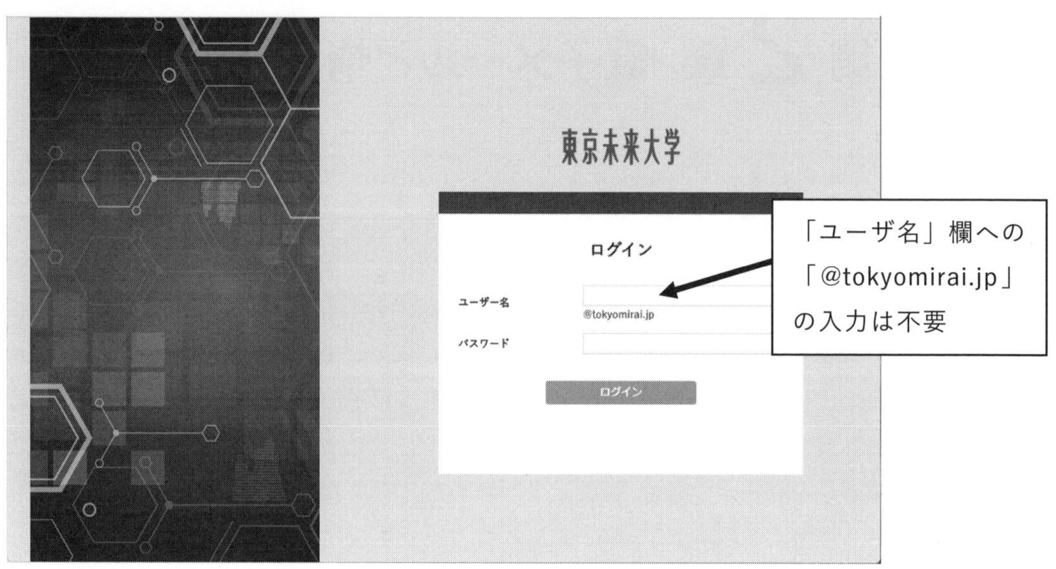

東京未来大学ポータルサイト画面が表示され、利用したいサービスのボタンを押下し、それぞれのサービスにログインすることができる。ここではGmailを選択する。

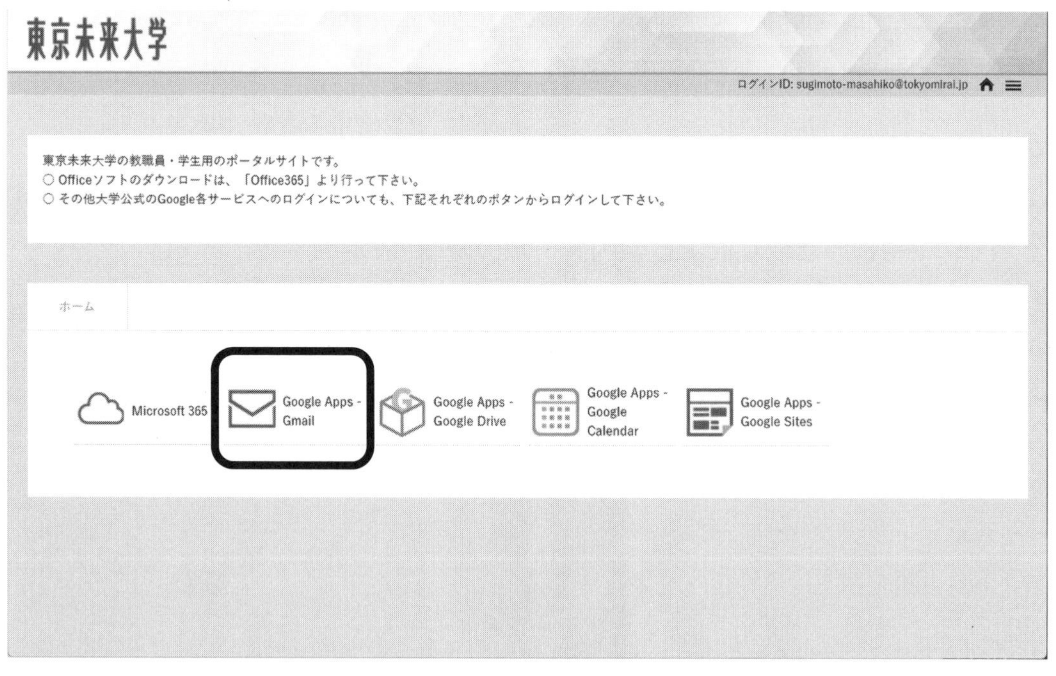

③「受信トレイ」に画面が移行したら、初期認証作業は完了となる。

2.1.2 署名の作成

Gmail の署名の作成方法について解説する。

① 画面右上の**歯車マーク**より[**設定**]をクリックする。

② [すべての設定を表示] の[**全般**]ラベルの[**署名**]の[＋新規作成] に新しい署名テキストを入力する。

【丁寧な署名の書き方】

・大学名、学部（必要に応じて、学科、専攻名）を記す。

・姓名を記す（ローマ字表記があると読み方も理解されやすい）。

・学籍番号とメールアドレス（学籍番号@tokyomirai.jp）を記す。

・参考例：

東京未来大学●●学部▲▲学科■■専攻
東京　未来（TOKYO,Mirai）
学籍番号：12345678
E-Mail：12345678@tokyomirai.jp

③ ブラウザ下部の[**変更を保存**]をクリックする。

2.1.3 電子メールの作成

（1）電子メールのネチケット

日常的に行われるスマートフォンなどを用いた仲間同士の電子メールのやりとりと、大学のメールアドレスを用いた社会人を相手にする対外的な電子メールのやりとりは、ルールが異なります。本項では、後者によるメールのルールやマナー（**ネチケット**）を中心に、解説する。

（2）電子メールの作成・送信

① 新規メールの作成方法

（ア）[**作成**]ボタンをクリックし、メール作成画面を起動させる。

（イ）[**To**]に送信先メールアドレスを入力する。半角カンマ（,）で区切ることで、複数のメールアドレスを入力し、一度に複数の相手に送信することが可能である。

Cc を追加：Carbon Copy（カーボンコピー）の略語。この欄に入力されたメールアドレスの相手に対して、メールの本文の内容と、To に入力されたメールアドレスの相手を確認してもらいたい場合に活用。

例）インターンシップのお礼メール。To にはインターンシップ先の企業名、Cc には本学の CA、ゼミの先生のメールアドレスなど。

Bcc を追加：Blind Carbon Copy（ブラインドカーボンコピー）の略語。この欄に入力されたメールアドレスの相手に対して、他の送信者のアドレスを知られることなくメールの本文の内容を確認してもらいたい場合に活用。

例）あるイベントについて周知するため、複数人のプライベートアドレスに送信する場合。複数人のプライベートアドレスをすべて Bcc に入力する。

（ウ）[**件名**]には、要件を端的に記述する。学内の教職員、CA 宛の場合は、要件の後ろに「**（クラス・名前）**」を記述することが望ましい。

（エ）[**ファイルを添付**]は、作成した文書や画像ファイルなどをメール本文と一緒に送信したい場合に添付する。

(オ) 本文を作成する。設定した署名は、自動的に挿入される。

【丁寧な電子メール本文の書き方】

I. 宛先(相手の名前)を書く(敬称に注意。通常は「●●様」、教員には「●●先生」)。

II. はじめの挨拶を書く(「はじめまして」、「●●の授業ではお世話になっております。」など)。

III. 自分のクラス・名前を名乗る(「東京未来大学●●学部の○○です。」など)。

IV. 要件を簡潔にまとめる(一文を短めに。長い文章は、句点で適宜改行する。誤字脱字のチェック)。

V. 終わりにお礼の言葉を添える(「●●していただけたら幸いです。」、「以上、よろしくお願いいたします。」など)。

VI. 最後に署名(クラス・名前)を記す。

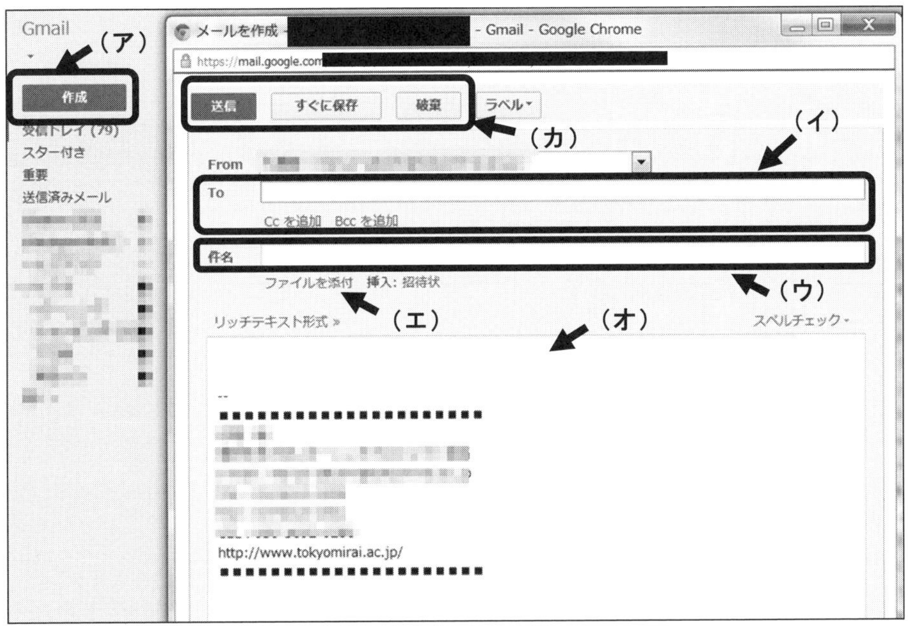

② 電子メールの送信方法

(カ) [**送信**]ボタンをクリックし、電子メールを送信する。

※ [**すぐに保存**]をクリックすると、左メニューの[**下書き**]に保存され、編集の続きができる。

※ [破棄]をクリックすると、作成中の電子メールが削除される。

（3）**電子メールの受信**

（キ）[**受信トレイ**]をクリックすると受信メールの一覧が表示される。

（ク）読みたい電子メールをクリックすると、電子メールが展開する。

2.1.4 スマートフォン・タブレット端末の Gmail アプリによる学内メールの確認・設定

iPhone / iPad などの**スマートフォン**や**タブレット端末**で Gmail を使用する場合は、Gmail の公式アプリを使用する方法を推奨する。
※公式アプリのダウンロード方法は、各会社のマニュアルを参照。

【アプリの設定方法】

- アプリを起動して「**ユーザ名（メールアドレス）**」と「**パスワード**」を入力する。
  ※ メールアドレスは「**@tokyomirai.jp**」まで入力する。

2.1.5 電子メールの転送設定

本学のメールアドレス宛に届いた電子メールを、スマートフォンや個人のパソコンなどのメールアドレスなどに転送する設定方法について解説する。なお、本設定後、転送された電子メールに返信する場合、スマートフォンや個人のパソコンなどのメールアドレスによる返信となる。そのため、あくまでもメール内容のチェックのみに利用することを推奨する。

① 画面右上の**歯車マーク**より[**設定**]をクリック。

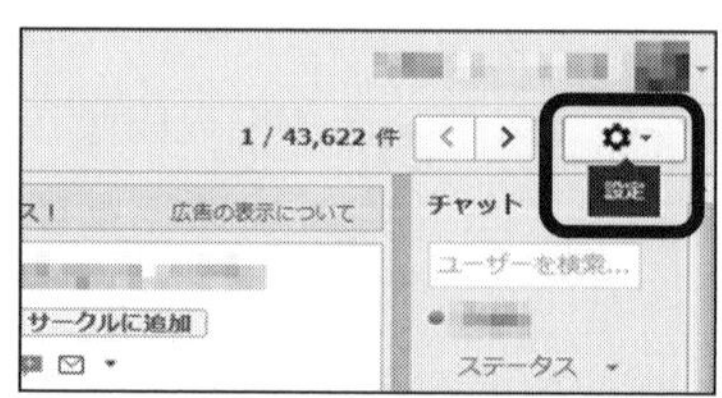

② [**メール転送と POP/IMAP**]ラベルの[**転送：**]の[**転送先アドレスを追加**]をクリックする。

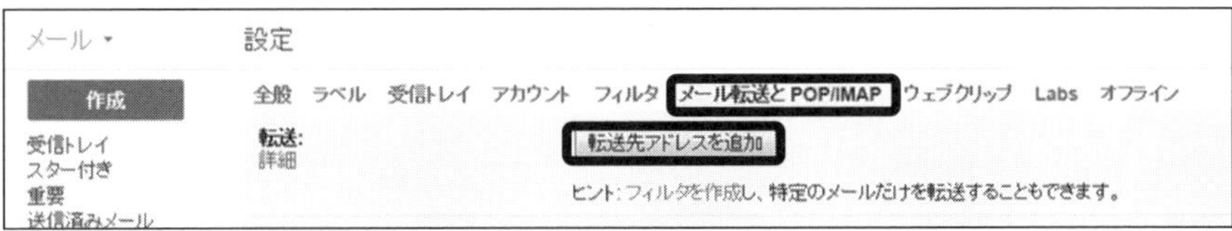

③「**転送先アドレス**」を追加し、手順に従って進む。

2.1.6 パスワード変更方法

① Gmail にログイン
② 画面右上の自身のアカウント（●●●@tokyomirai.jp）をクリック
③ [**アカウント**]を選択
④ 画面左の[**セキュリティ**]タブを選択
⑤ [**パスワードの変更**]から、パスワード変更を行う

2.2 Web ブラウザによる情報検索

本節では、「**Microsoft Edge**」による Web ブラウザを活用した情報検索の方法について解説する。

2.2.1 情報検索

（1）検索エンジン

一般的に、インターネットに存在する Web サイトなどの情報を検索するシステムのことを「**検索エンジン**」と呼ぶ。検索エンジンには、1つ以上のキーワードを組み合わせ、その条件に合致した Web サイトを抽出する「**ロボット型検索エンジン**」と、意図的にあるカテゴリに分類された Web サイトを抽出する「**ディレクトリ型検索エンジン**」が存在する。

ロボット型検索エンジンは、ほぼリアルタイムに更新されている膨大な Web サイトの中から、検索条件に合致した Web サイトを抽出する。そのため、最新の情報を入手しやすいメリットがあるが、求めている情報にたどり着きにくいというデメリットが存在する。一方、ディレクトリ型検索エンジンは、あらかじめカテゴリ別に分類されているため、求めている情報にたどり着きやすいが、人力でカテゴリを分類している側面があるため、得られた情報が必ずしも最新の情報とは限らない場合がある。現在では、ロボット型検索エンジンの利用が大多数を占めている。

- **Google**（http://www.google.co.jp/）
- **YAHOO! JAPAN**（http://www.yahoo.co.jp/）など

（2）東京未来大学図書館の検索

東京未来大学の図書館は、本学に所属する学生や教職員が、閲覧や貸出し・学習スペース等、学習や研究に役立てることを目的に設置されている。図書資料は、心理・教育・経営関連等の資料を中心に整備され、学術雑誌・視聴覚資料・データベース資料等も整備されている。

① 東京未来大学HPのトップ画面の左上「図書館サイト」をクリックする。

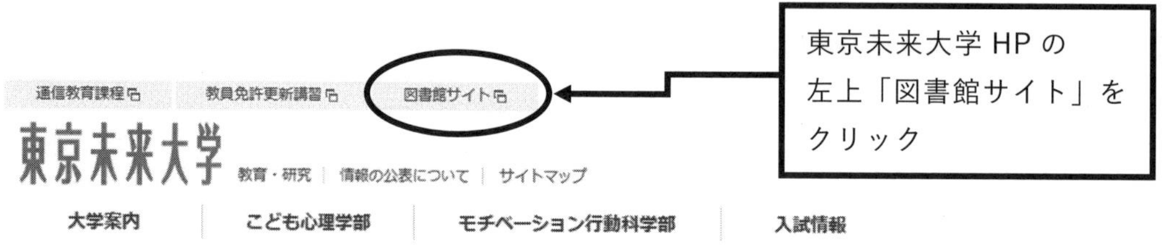

② 東京未来大学図書館HPのトップ画面の「資料を探す」をクリックする。

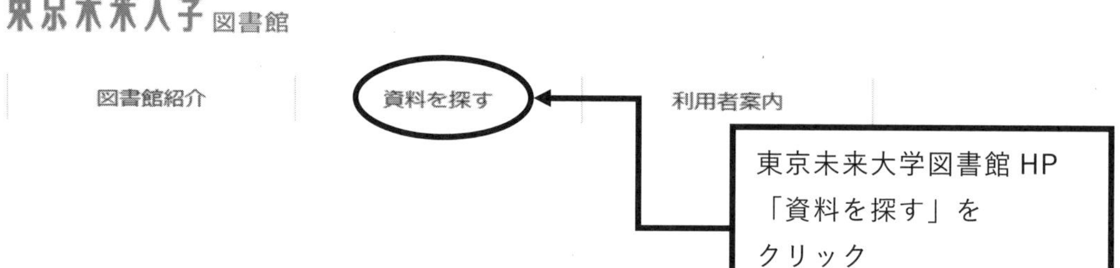

③ 「図書・雑誌を検索する」から東京未来大学図書館OPAC[学内]をクリックする。

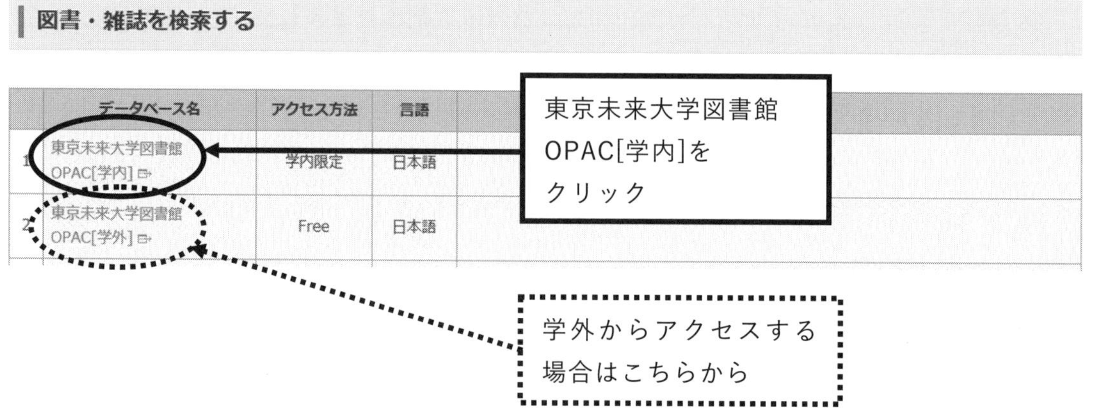

④　「資料を探す」のキーワード入力欄に、本の**タイトル**や**著者名**、**キーワード**などを入力する。その後、[**検索**] をクリックする。

⑤　**検索結果**が表示される。

（3）有用なサイト

● **ウィキペディア**（http://ja.wikipedia.org/）

不特定多数の人が、ボランティアで作成した百科事典。記事、事柄などについて参考にすることが可能。しかしながら、作成した個人の主観による内容であったり、誤った情報が掲載されていたりする場合があることから、一般的に、論文やテキストなどの引用元としては**不適当**とされている。

● **辞書サイト**

・**goo 辞書**（http://dictionary.goo.ne.jp/）　小学館提供の『デジタル大辞泉』を搭載
・**YAHOO! JAPAN 辞書**（http://dic.yahoo.co.jp/）三省堂「大辞林」が利用可能
・**アルク**（http://www.alc.co.jp/）英語辞書（英辞郎）の Web 版

● **学外の図書・論文検索の方法**

代表的な Web ページとして、「**NDL-OPAC（国立国会図書館）**」、「**Google Scholar（論文検索）**」、「**CiNii（国内論文・大学図書館の本の検索：学内限定）**」などがあげられる。どの Web ページも「東京未来大学図書館 HP」からアクセス可能であり、学内図書検索と同様、キーワード入力の手続きで検索可能である。学内図書館に保管されていない書籍などの検索は、これらの Web ページを利用されたい。

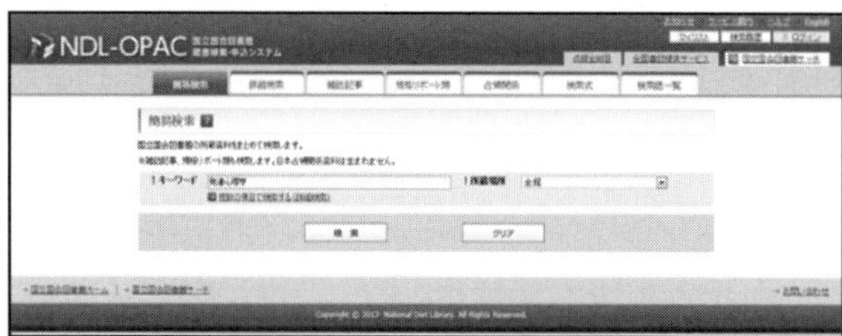

● **海外の論文検索の方法**

学内限定で利用できる Web ページとして、「**Wilson Education Full Text**」、「**Psyc ARTICLES**」、「**Psyc INFO**」がある（どの Web ページも「東京未来大学図書館 HP」からアクセス可能）。検索方法は、Web ページを選択した後、英語によるキーワード入力により検索することができる。

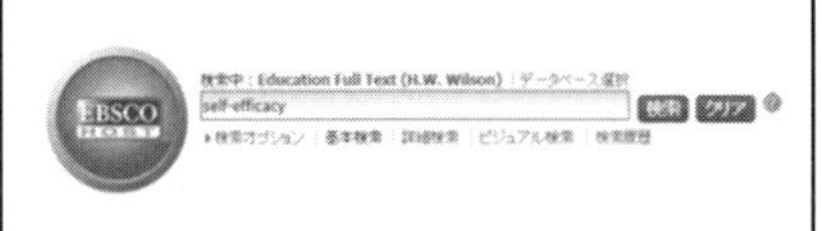

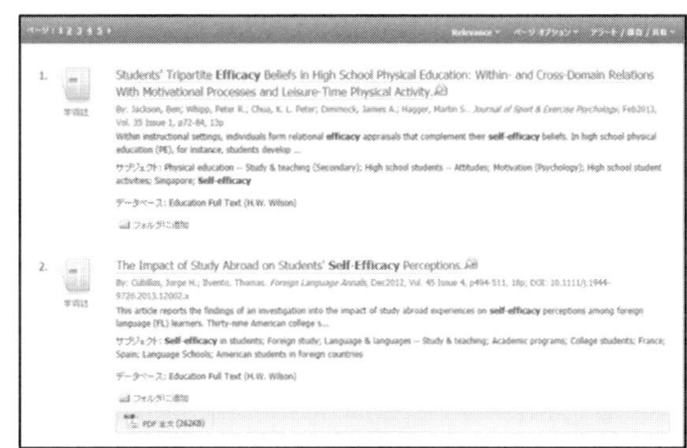

2.2.2 検索のテクニック

ここでは、ロボット型検索エンジンの代表的な「Google」を例に、必要な情報にたどりつきやすくなるための検索テクニックについて紹介する。

● **AND 検索**

キーワード窓に、空白を間に入れながら複数の単語を入力すると、これらの単語を含むWeb サイトが検索される。単語の語順は関係なし。

【例】［**情報 処理 基礎**］→［**情報**］と［**処理**］と［**基礎**］が含まれる Web サイトが抽出

● **フレーズ検索**

すべての語句（文章）を含む検索を行いたい場合、検索したい語句（文章）の前後に、**ダブルクォーテーションマーク（ ”）**を付ける。

【例】［**”行く春や鳥啼魚の目は泪”**］→［**行く春や鳥啼魚の目は泪**］を含む Web サイトが抽出

● **特殊検索**

Google の特殊な検索機能（http://www.google.co.jp/help/features.html）に掲載されている項目をいくつか紹介する。

- **天気検索**［**天気 足立区**］→ 足立区の天気情報が表示される。
- **時間検索**［**時間 ニューヨーク**］→ ニューヨークの現地時間が表示される。
- **郵便番号検索**［**郵便番号 足立区千住曙町**］→ 足立区千住曙町の郵便番号が表示される。
- **地図検索**［**足立区 地図**］→ 足立区の地図が表示される。
- **乗換案内**［**堀切から東京**］→ 堀切駅から東京駅までの乗換案内が表示される。

検索サイトなどによる情報収集では、自分がよく知っている分野ならば、非常に効果的に情報収集ができる。検索にヒットした項目が何ページにもわたっても、自分が良く知っている分野だからどれが有用で、正しく、あるいは間違っているかは少し読んだだけですぐにわかることができる。キーワードなども、適切に組み合わせを即時に思い浮かべることができるでしょう。また、検索結果を見ながら適宜にキーワードを変えていくことで比較的容易に目的の情報を見つけ出すことができる。このように自分の専門分野とよく知らない分野とでは、検索に対する態度が全く異なってくる。

2.2.3 引用元の明記

自分のレポートに、インターネット上の情報をそのままコピーアンドペーストして、あたかも自分が記した内容としてそのまま書いてしまうことは剽窃（ひょうせつ）行為となり、大きな問題に発展する（引用元の文章について、多少の語彙を修正しているだけでも剽窃となる）。しかしながら、正当な範囲内で引用の明記を行うことで、著作者の了解を得ることなく他者の文章を引用することができる。下記の書き方の例を参考に、引用元の明記を習得されたい（学会などによって、句読点、語順などの形式が異なる場合がある）。

① 書籍の引用

著作者名、出版年、題名、出版社名、出版地

【例】

山田太郎，鈴木花子（2008）教育工学．工学出版，東京．

Robinson, D. N. (Ed.). (1992). *Social discourse and moral judgment*. San Diego, CA: Academic Press.

② 雑誌（学術論文）の引用

著作者名、発行年、題名、論文誌名、巻、号、ページ

【書き方の例】

山田太郎（2008）教育工学の研究．日本教育工学会論文誌 32(2):1-5.

Deutsch, F. M., Lussier, J. B., & Servis, L. J. (1993). Husbands at home: Predictors of paternal participation in childcare and housework. *Journal of Personality and Social Psychology*. 65, 1154-1166.

③ Web ページの引用

著作者名、掲載年、題名、URL、参照年月日

【書き方の例】

文部科学省（2009）教育の情報化に関する手引．

http://www.mext.go.jp/a_menu/shotou/zyouhou/1259413.htm (参照日 2013.01.07)

Electronic reference formats recommended by the American Psychological Association. (2000, October 12). Retrieved October 23, 2000, from http://www.apa.org/journals/webrf.html

2.2.4 引用の必然性と区別

前項の引用元の明記に加え、自分のレポートや論文中に他者の文章を引用する場合、引用される「**必然性**」があることと、引用部分にはかぎ括弧を付けるなどして自分の文章と「**区別すること**」が必要である。また、引用部分は改変してはならない。以下に著作物の一部を引用する具体例を記す。

【例１】

山田ら（2008）は、「●●●●●●（引用部分）」という研究結果を報告している。

（脚注、文末などに「**参考文献**」のリストを付けること）

山田太郎，鈴木花子（2008）教育工学．工学出版，p.25，東京．

【例２】

先行研究によると、「●●●●●●（引用部分）」（山田・鈴木 2008）という知見が報告されている。

（脚注、文末などに「**参考文献**」のリストを付けること）

山田太郎，鈴木花子（2008）教育工学．工学出版，p.25，東京．

【例３】

先行研究によると、「●●●●●●（引用部分）」[1]という知見が報告されている。

（脚注、文末などに「**参考文献**」のリストを付けること）

[1] 山田太郎，鈴木花子（2008）教育工学．工学出版，東京．

2.2.5 電子掲示板・SNS(Social Networking Service)の注意

インターネット上には、匿名性（とくめいせい）が高い電子掲示板が多数存在している。これに誹謗中傷（ひぼうちゅうしょう）の書き込みや個人情報の意図的な漏洩（ろうえい）が行われ、社会問題に発展している。また、**エックス**（旧ツイッター）や**ミクシィ**、**フェイスブック**などの**コミュニケーションツール**（SNS）に、反社会的な書き込みをしたことで、これが拡散し、大きな問題に発展した事件が生じている。加えて、LINE などに書き込んだ文章が、相手の感情を逆なでし、トラブルが起こる事象が報告されている。

これらの機能を活用し、情報発信を行う場合は、上記の危険性を熟知するとともに、情報モラルを守って活用されたい。

演習問題 2.1

2.1.2 項を参照し、**署名の設定**を行いなさい。また、スマートフォンや iPad などのモバイル端末で本学のメールが受信できるように設定し、動作確認を行いなさい。

演習問題 2.2

担当教員に対して、課題に関する質問をメールで尋ねる場合の文章を考えなさい。また、自分のメールアドレス宛にメールを送信するなどして、メールの送受信、返信の方法を確認しなさい。

演習問題 2.3

検索エンジンなどを用いて、下記について調べなさい。また、引用元を正しく明記しなさい。

① 足立区役所の所在地と窓口開庁時間（一般業務）

② アンナ・フロイトの研究領域と父親の名前、代表的な著書名

③ 東京未来大学図書館に存在する心理学、または教育学、またはモチベーション（動機づけ）に関する書籍 10 冊

④ 心理学、または教育学、またはモチベーションに関する研究論文を 10 編（10 編のうち、海外の文献を 2 編以上入れること）

第3章 文書作成ソフトの使用方法

本章の文書作成ソフトは、Microsoft 社の Word Office 365（以下、word と呼ぶ)を使用する。Word は、単なる文書作成だけでなく、手紙、論文、報告書などの文章も作成・編集が可能な多機能ワープロソフトである。また、文章に限らず、表や図形を使った編集も簡単にできるのが大きな特徴である。この章では、Word の基本的な入力操作を学び、入力から紙面のレイアウトの仕方までをマスターする。

3.1 Word Office365 の起動と画面構成（Windows11 の場合）

最初に、どのようにすれば Word は起動し、どのような画面構成になっているのかを学習する。画面の構成が理解できたところで、簡単な文字入力の課題を解くこととする。

3.1.1 Word の起動

以下の手順に従って、Word を起動する。

1）画面の下にあるスタートボタンをクリック、あるいは、キーボードにあるスタートボタンを押してスタートメニューを表示する。

2）Word アプリにマウスポインターを合わせ、アプリがハイライトされたら、クリックして Word を起動する。

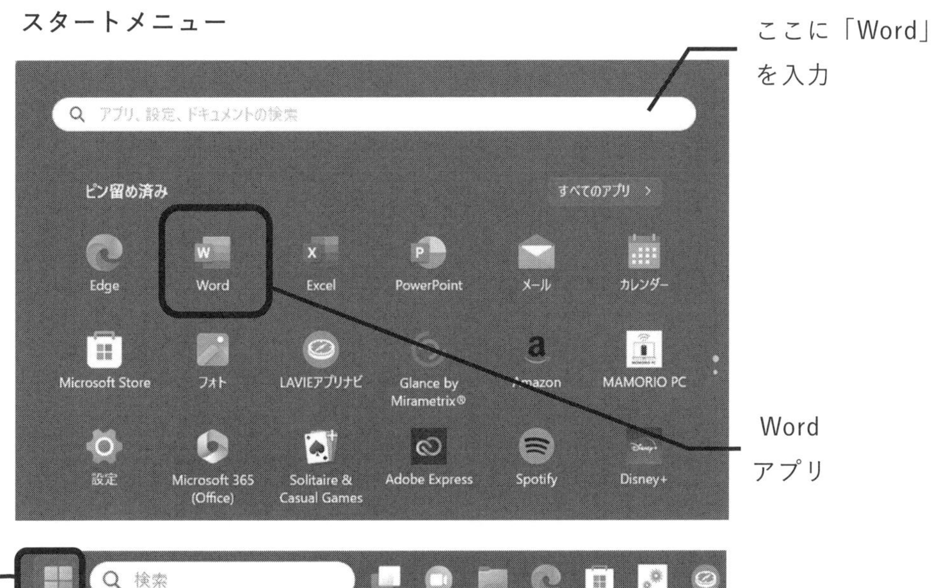

3）スタート画面に Word アプリが表示されていない場合は、スタートメニューの上部にある「アプリ、設定、ドキュメントの検索」と書かれている部分をクリックして「Word」と入力をすると、以下のように画面左メニューリストに「Word メニュー」が候補リストの中に表示され、右に第一候補のアプリが表示される。表示されたメニューをクリックすると Word が起動する。

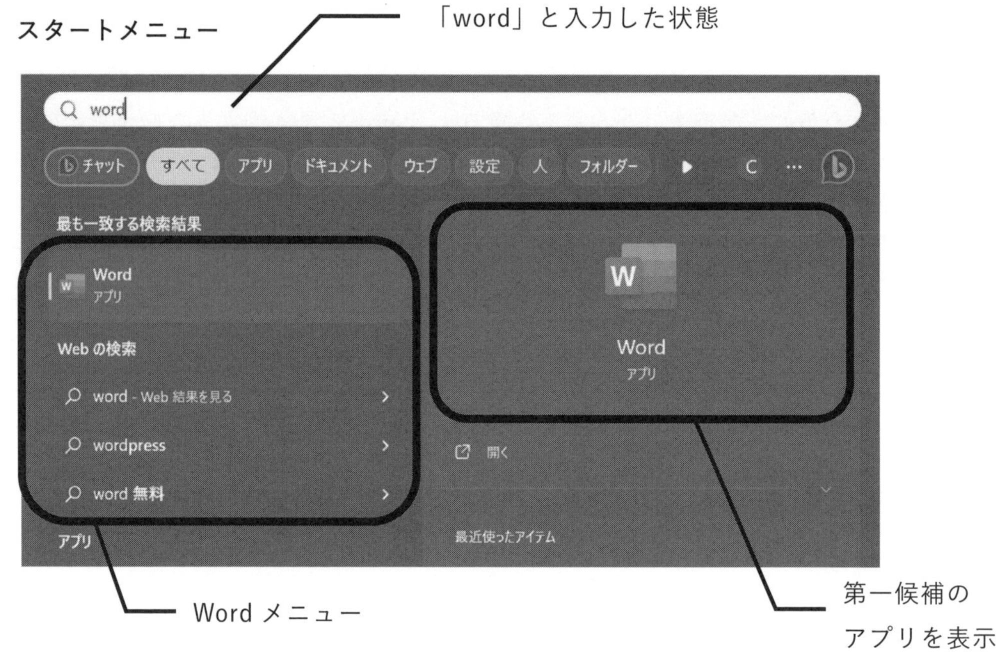

4）Word を起動させ、「白紙の文書」をクリックして選択すると、文書作成ウィンドウが表示される。以下の図は、ホームタブ（3.1.2 項　画面の構成の③を参照）を選択した際の画面の例である（他のタブが開いた場合は、ホームタブを選択して学習を進める）。

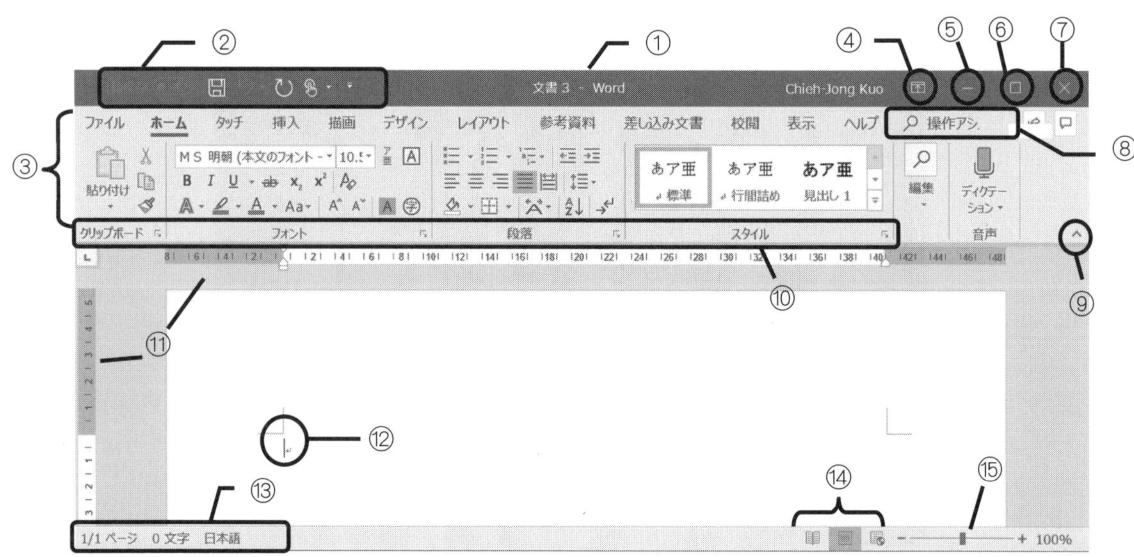

3.1.2 画面の構成

Wordの画面内の各部の名称・機能は次のようになっている。前ページの図を参照しながら、画面上の位置も確認する。

① **タイトルバー** ･･･ 使用中のソフトウェア名と作成中の文書のファイル名が表示されている。

② **クイックアクセスツールバー** ･･･ 使用頻度の高いツールボタンをまとめたバーである。右側の をクリックするとセット可能な機能メニューが表示され、選択をすると当該バー上に表示することができる。

③ **タブとリボン** ･･･ 使用可能な操作コマンドの一連が各タブの中に整理されており、各タブは操作の種類によって分類されている。通常表示されているタブの他、図形や表を選択したときにのみ表示されるツールタブもある。

④ **リボンの表示オプションボタン** ･･･ リボンの表示方法の切り替えを行う。

⑤ **最小化ボタン** ･･･ Word文書ウィンドウを一時的に非表示にし、画面の下にあるタスクバーの上に配置される。タスクバーのボタンをクリックすると、再びウィンドウが表示される。

⑥ **最大化／元に戻すボタン** ･･･ ウィンドウを画面全体に表示できる。画面を最大化したとき、このボタンは自動的に元に戻すボタンに変わる。元に戻すボタンをクリックすると、ウィンドウは縮小し、元のサイズに戻る。ウィンドウが元のサイズに戻ったとき、ボタンは自動的に最大化ボタンに変わる。

⑦ **閉じるボタン** ･･･ ウィンドウを閉じ、Wordを終了する。

⑧ **操作アシスト** ･･･ 行いたい作業を入力すると、入力した言葉に近い機能を表示。該当する機能を選択すると、その機能を実施するウィンドウが表示される。

⑨ **リボンを折りたたむボタン** ･･･ リボンを折りたたんでタブだけを表示する。このとき、タブをクリックすると、そのタブのコマンドが表示され、リボンの右端にある ボタンをクリックすると再びリボンを固定表示することができる。

⑩ **グループ** ･･･ リボン上にあるツールボタンを操作内容によりグループ化したものである。各グループの右端にある四角いダイアログボックス起動ツールボタンをクリックすると、各グループの機能に関する詳細設定が可能。

⑪ **ルーラー** ･･･ 左右の余白、タブやインデントの位置、表の列幅などを表示できる。

⑫ **カーソル** ･･･ 文字を入力する際の入力位置を示す。

⑬ **ステータスバー** ･･･ 作成中の文書に関する情報（使用言語・文字数・現在のページ位置・入力モードなど）を表示する。

⑭ **表示選択ショートカット** ･･･ 文書の表示モードを切り替える際に使用する。「閲覧モード」、「印刷レイアウト」、「Webレイアウト」の順に並んでいる。

⑮ **ズーム／ズームスライダー** ･･･ 文書の表示倍率を調整できる。マイナスをクリックすると倍率は縮小し、プラスをクリックすると倍率は拡大する。真ん中にあるスライダーをドラッグして左右に動かすことで倍率を変更することも可能である。

演習問題 3.1　簡単な文書の作成

文字の入力：Word を前述の手順に沿って起動し、次の文章を入力しなさい。「○○」の部分は、自分の所属を入れなさい。

私は東京未来大学の学生です。
現在、○○学部○○学科の○年生です。

① ローマ字入力でひらがなの文章を打ちなさい。
② 次に漢字部分は、[**スペース**]キーを押して変換し、表示された漢字の中から正しいものを選択し、[Enter]キーを押して確定する。

演習問題 3.2　[Shift]キーを使った入力

次の文字を入力しなさい。

５＋６－（８－７）＝１０
７％＋９％＝１６％

① キーボードのキーの左下に表示されている文字は、そのまま入力をすれば表示される。
② キーの上部分に表示されている記号は、[Shift]キーを押しながら当該キーを押すと表示される。

演習問題 3.3　カタカナの入力

次の文字を入力しなさい。

メルセデス　レガシィ　ヴォクシー　オデッセイ
ﾆｭｰﾖｰｸ　ﾏﾝﾊｯﾀﾝ　ｱｰﾉﾙﾄﾞ･ｼｭﾜﾙﾂﾈｯｶﾞｰ

① ひらがなを入力する。
② 次に、入力された文字が選択された状態のまま、[F7]キーを押す。
③ カタカナの半角は、[F7]を押した後に[F8]キーを押すと変換される。

演習問題 3.4　アルファベットの入力

次の単語を入力しなさい。

TFU　Tokyo Future University
MICROSOFT　Ｗｉｎｄｏｗｓ　ＷＯＲＤ

① キーボード上にある[**半角／全角**]ボタンを押すと、入力モードを「半角英語」に切り替えることができる。[**言語バー**]の入力モードで確認可能。
② 大文字は、[**Shift**]キーを押したままキーを押すと表示される。
③ 入力モードを変えずにアルファベットを入力したい場合は、ローマ字入力のままの状態で入力し、[**F9**]キーで変換することも可能である。[**F9**]キーを押すたびに、大文字と小文字の配列が変化する。半角にしたい場合には、[**F10**]キーを押す。この場合も押すたびに大文字と小文字の配列が変化する。

3.2 文書の保存と終了

作成した文書は、大抵の場合パソコン本体、もしくは持ち運びが可能な媒体に保存してから作業を終了するのが一般的である。ここでは、最も良く使われる保存方法を学習する。

3.2.1 文書の保存

作成した文書を保存する際、パソコンのハードディスク、または、持ち運びが便利なリムーバブルディスクに保存をする。保存をせずに作成中の文書を閉じると、作成した文書は消えてしまうため、文書ウィンドウを閉じる際には必ず保存をしたかどうかを確かめる。

（1）パソコンのハードディスクへの保存

ここでは、パソコンのハードディスクの中に作成中の文書をファイルとして保存する手順を説明する。

① [**ファイル**]タブをクリックする。
② 表示されたリストから[**名前を付けて保存**]をクリックする。真ん中の枠に[**名前を付けて保存**]することができる保存先が表示されるので[**この PC**]を選択する。
③ 右側の枠に[**ドキュメント**]ファイルが表示される。[**ここにファイル名を入力してください**]の欄に保存する文書のファイル名を新たに入力し、右横の[**保存**]ボタンをクリックする。

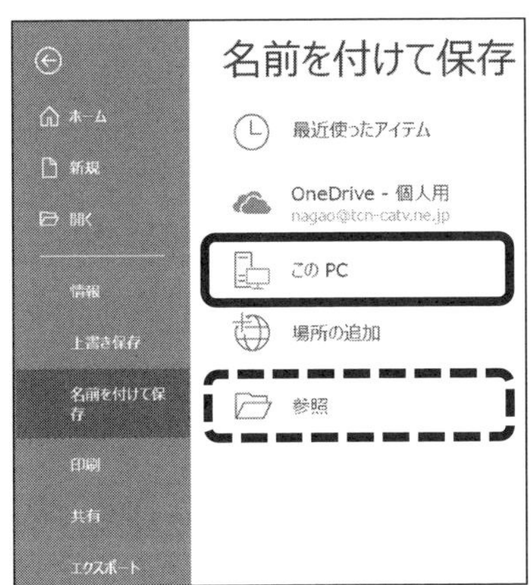

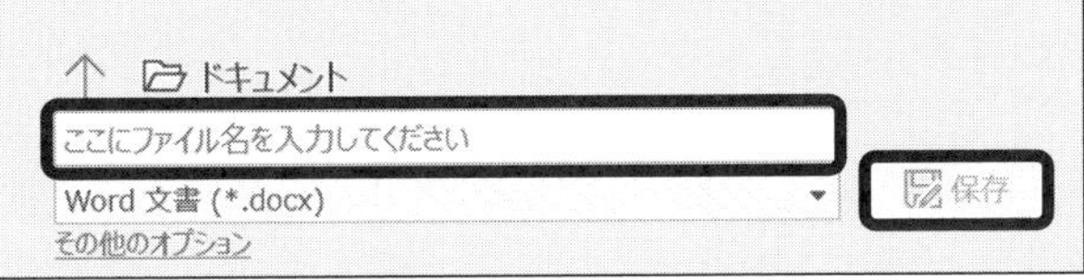

（2）リムーバブルディスクへの保存

USB メモリは、最も よく使われるリムーバブルディスクである。ここでは、USB メモリへの保存手順を説明する。

① ハードディスクに保存する際の手順①から②の保存先を表示するまでは、同じ作業手順である。

② 前ページの図にあるように保存先に[参照]を選択すると、下のダイアログボックスがポップアップされる。左のリストの中にある[**USB ドライブ**]を選択する。
このとき、USB ドライブが複数ある場合は、保存するドライブを確認してから保存先を決定する。

③ [**USB ドライブ**]を選択すると、右側のウィンドウに選択した USB ドライブ内のファイルリストが表示される。保存先ファイルがある場合は、ダブルクリックをして指定する。

④ [**ファイル名(N)**]の欄に保存する文書のファイル名を入力し、[**保存(S)**]ボタンをクリックする。

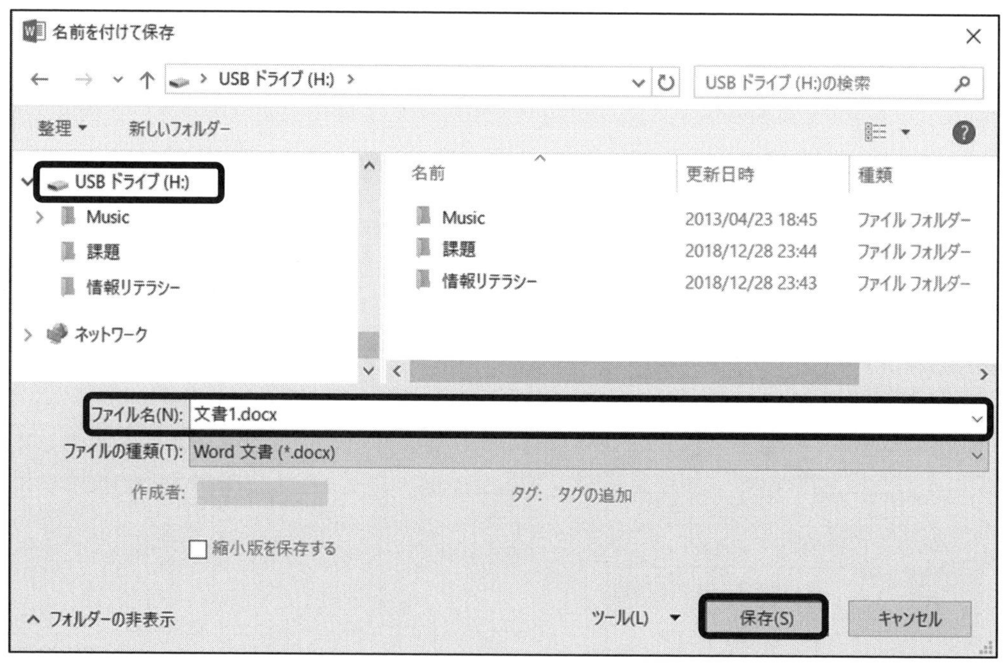

3.2.2 既存文書の保存

既に一度ファイル名を付けて保存をした文書を修正し、再保存をする際には、Word 画面左上のクイックアクセスツールバーにある[**上書き保存**]ボタンをクリックすると、保存済みの文書に上書き保存される。

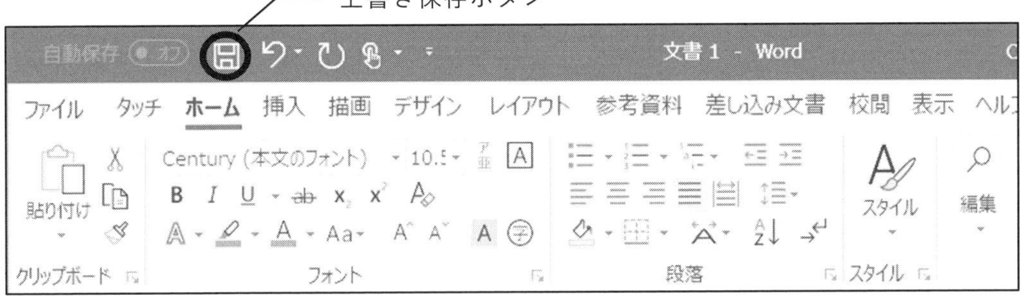

演習問題 3.5　リムーバブルディスクへの保存

実際に作成中の文書を USB に保存しなさい。その際のファイル名は「練習、氏名、学籍番号」を入力すること。

3.2.3 Word の終了

終了作業を行う前に、必ず、作業中の文書を保存したかどうかを確認してから終了作業に移ることが大切である。いったん保存を忘れて作業を終了してしまったものに関しては、復元をすることが難しいことをぜひ覚えておこう。

Word を終了するときは、[**ファイル**]タブをクリックして、リストの中の[**閉じる**]をクリックするか、あるいは Word 画面の右上端にある[**×印**]ボタン（閉じるボタン）をクリックすると、画面は終了と同時に閉じられる。

3.3 書式の設定

文書を作成する際、その種類によって最適な余白の大きさや 1 ページの中に納められる行数や文字数が変わってくる。特に大学で課せられるレポートや論文などは、多くの場合が出題者より提出文書に関する書式が定められている。ということは、私たちは作成する文書の目的や種類によって、その書式を作成するたびに設定する必要があるということである。ここでは、文書の書式に関する基本的な設定を学習する。

3.3.1 ページレイアウトの設定

Wordでは、ページの上下左右の余白や1ページの中の行数、1行の文字数などの設定ができる。

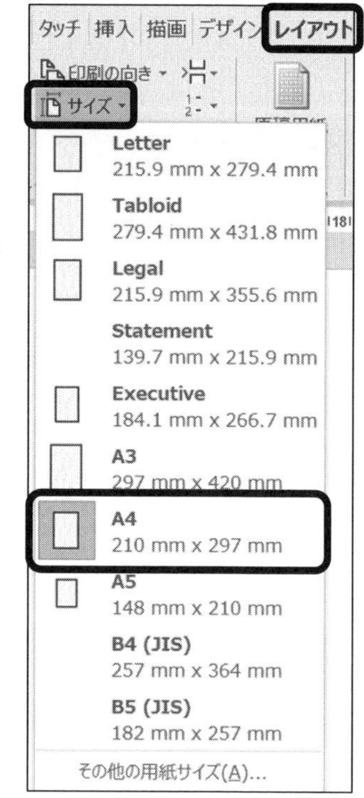

（1）用紙サイズの設定

用紙をA4サイズに設定する場合、以下の手順で行う。

① タブの[**レイアウト**]をクリックする。

② リボンの中から[**サイズ**]を選択すると、設定可能な用紙サイズのドロップダウンリストが表示される。

③ リストの中から[**A4**]を選択する。

（2）行数と文字数の指定

例えば、1ページ中の行数を38行、1行当たりの文字数を40字に設定する場合、以下の手順で行う。

① タブの[**レイアウト**]をクリックする。

② リボンのグループの中から[**ページ設定**]を選択し、右下のダイアログボックス起動ツールボタンをクリックすると、ページ設定のダイアログボックスが開く。

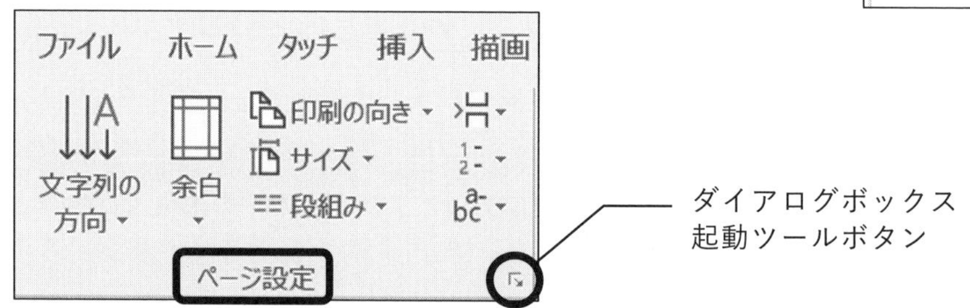

③ ボックス内の[**文字数と行数**]のタブを選択し、行数を38、文字数を40に変更して、最後に[**OK**]ボタンをクリックする。

（3）ページの余白を指定する

上下の余白を「30mm」、左右の余白を「25mm」に変更する場合、以下の手順で行う。

① ダイアログボックス起動までは、[**行数と文字数設定**]と同じ手順。

② ボックス内の[**余白**]タブを選択し、[**上(T)**]と[**下(B)**]をそれぞれ30mmに、[**左(L)**]と[**右(R)**]をそれぞれ25mmに変更して、最後に[**OK**]をクリックする。

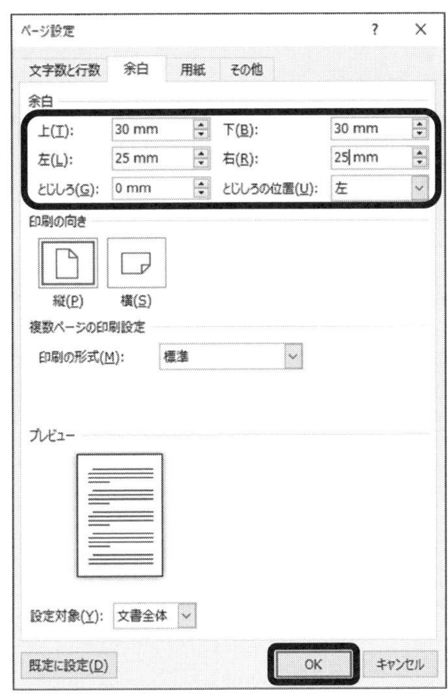

（４）文字の方向を指定する

Word では、書く文字の方向を「横書き」に初期設定しているが、縦書きに変更することが可能である。ページ設定のダイアログボックス左上に［**文字方向**］を設定するグループがある。［**横書き**］が常時選択されているが、［**縦書き**］の方を選択すると、文字の方向は縦書きとなり、下部にある［**文字数と行数**］の指定内容も縦書きに合わせた形で表示が変更される。必要に応じて、「横書き」の場合と同じ方法で設定を行うことができる。

演習問題 3.6　ページレイアウトの設定

前述の手順を参照し、実際にページレイアウトの設定をしなさい。「スタート」から Word を選択し、新規のページを開き、余白（上：38mm、下：27mm、左・右：各 35mm）と行数（１ページ：35 行)、文字数（１行：38 文字）を設定しなさい。

3.3.2 ヘッダー・フッターの挿入と編集

Word 文書は、入力範囲外の上下の余白部分にも文字を入力することが可能である。上の余白部分に入力する文字は「ヘッダー」といい、標題や作成者名、日付などを記すのに使われる。下の余白部分に入力する文字は「フッター」といい、管理用に必要な文字列やページ番号などを記すのに使われている。次の手順でヘッダーとフッターは入力することができる。

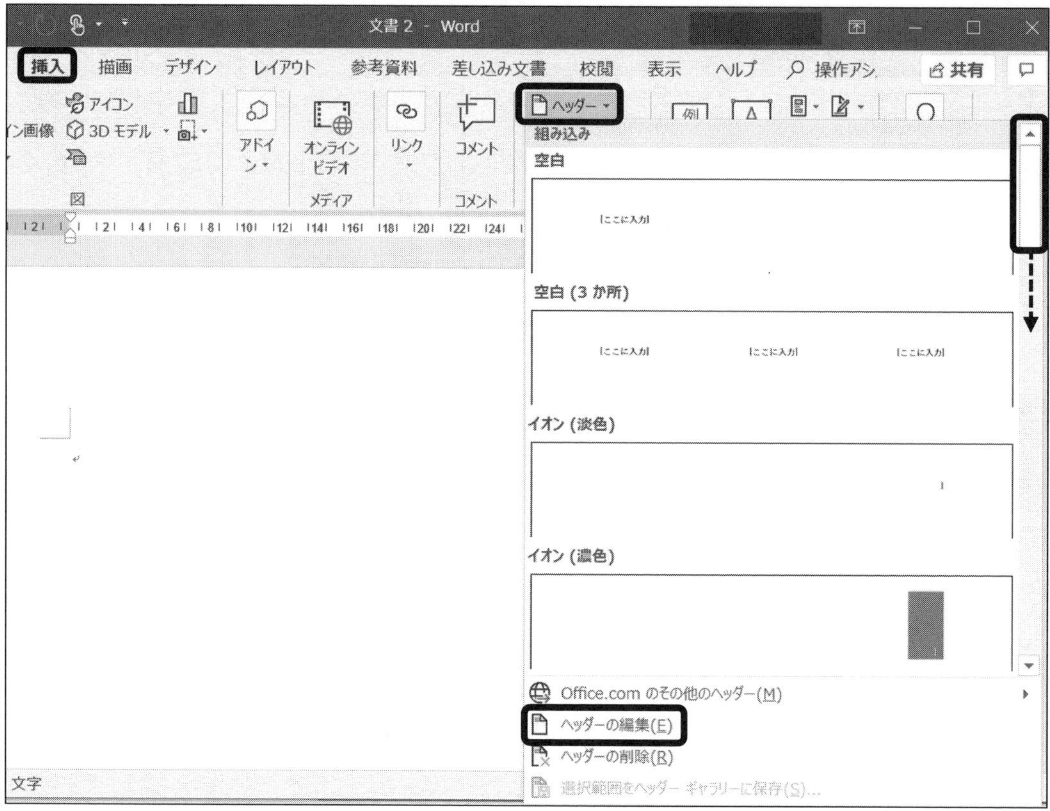

① タブの[**挿入**]をクリックする。

② [**ヘッダー**]または[**フッター**]をクリックすると、[**組み込み**]ボックスが表示される。

③ ボックス内には既存の設定が複数表示されるので、右側のスクロールボタンを上下に動かして任意の仕様を探し、クリックして選択することが可能である。

④ ヘッダーとフッターは、自分自身で自由に入力・編集をすることも可能である。ボックスの下にある[**ヘッダー（フッター）の編集**]をクリックすると[**ヘッダー／フッターツール**]が表示され、[**デザイン**]タブとその機能がリボン上に表示される。それと同時に作成中の文書のカーソルは本文からヘッダー（フッター）部分に移動し、入力が可能となる。それぞれの入力切り替えは、[**ヘッダーに移動**]と[**フッターに移動**]をクリックして行う。

⑤ ヘッダーとフッターの入力や編集を終了する際は、リボンの右端にある[**ヘッダーとフッターを閉じる**]をクリックすると、カーソルは本文に戻り、通常通りの作業が可能となる。

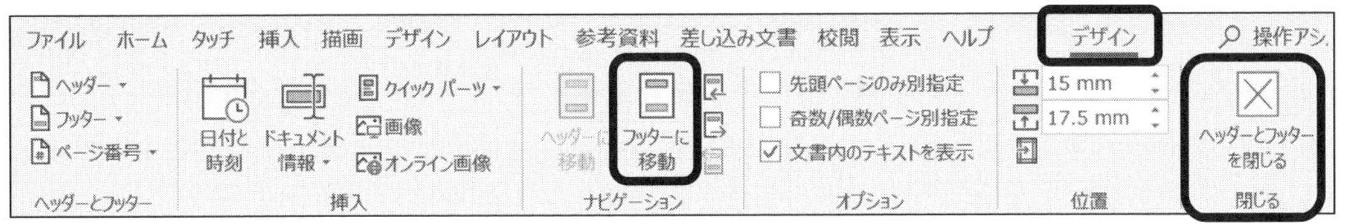

演習問題 3.7　ヘッダーとフッターの挿入

演習問題 3.6 で設定したページを活用し、ヘッダーとフッターを入力しなさい。前述の手順を確認し、ヘッダー（東京未来大学・日付）とフッター（ページ番号と学籍番号・氏名）をバランスよく配置しなさい。

3.4 文字の体裁

Word では、入力した文字のサイズやフォント（書体）を変更したり、文字に色や下線、斜体、影、枠などの装飾を施したりすることが可能である。文字の体裁に関するツールは、[**ホーム**]タブの[**フォント**]グループ部分に機能ボタンが集約されている。

3.4.1 文字のフォントとサイズ

編集を行いたい文書の範囲を指定し、[**ホーム**]タブのリボンの[**フォント**]ボックスの横にある▼印をクリックすると使用可能なフォントのドロップダウンリストが表示される。リストの中から任意のフォントをクリックして選択すると、指定した文書範囲のフォントが変更される。

[**フォント**]ボックスの隣にある[**文字サイズ**]ボックスも、同様に▼印をクリックすると変更可能な文字サイズのリストが表示される。入力した文字のフォントのサイズを簡易的にサイズ変更したい場合は、[**文字サイズ**]ボックスの右にある「A」に▲と▼の印が付いたボタンを活用すると便利である。左側は文字を現行よりも少し拡大し、右側は少し縮小する機能がある。

演習問題 3.8　文字のフォントとサイズの変更

前述の説明を参考にしながら、次の文字列のフォントとサイズを変更しなさい。

東京未来大学　こども心理学部　モチベーション行動科学部

問題 3.8.1　上の文字列を「MS ゴシック」へ変更しなさい。

問題 3.8.2　変更した文字列を「太文字」にしなさい。

問題 3.8.3　変更した文字列のフォントサイズを「14」に変更しなさい。

問題 3.8.4　変更した文字列に「アンダーライン」を付けなさい。

3.4.2 文字の装飾

入力した文書は文字単位で体裁を加工することが可能である。編集を行いたい文字を範囲指定し、[**ホーム**]タブのリボンにある各ツールボタンを活用する。それぞれのボタンの機能は以下の通りである。

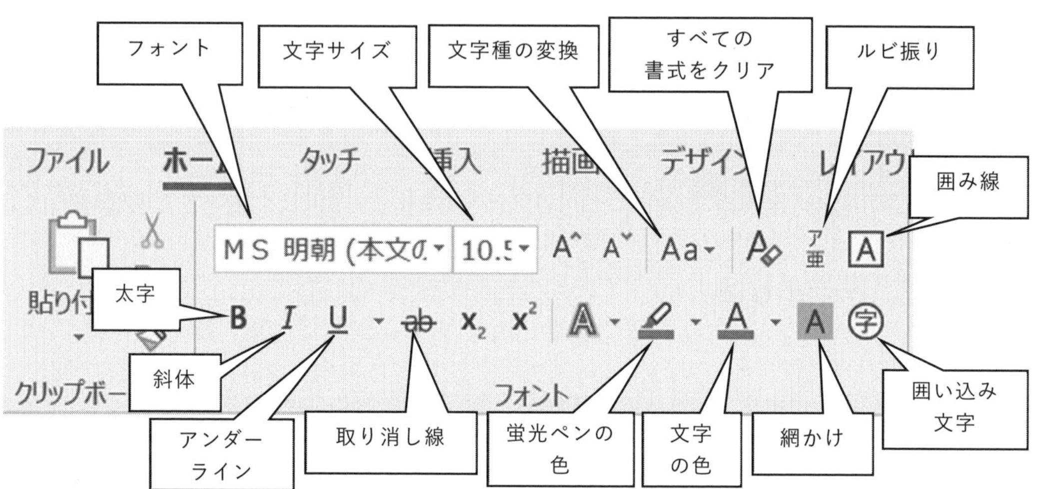

変更した書式や施した装飾を消去したい場合は、装飾した文字を範囲指定し[**すべての書式をクリア**]ボタン、もしくはもう一度同じツールボタンを押すことで装飾前に戻すことができる。

演習問題 3.9　文字の色と装飾加工

前述のボタン機能を参考にしながら、次の文字列を入力し、それぞれの問題の指示に従って装飾を施しなさい。

東京未来大学　こども心理学部　モチベーション行動科学部

問題 3.9.1　上の文字列の文字の色を「青色」に変更しなさい。

問題 3.9.2　変更した文字列に蛍光ペンでハイライトしなさい。

東京未来大学　　情報処理基礎 I

問題 3.9.3　上の文字列の左の文字列に「囲い込み線」を付けなさい。

問題 3.9.4　上の文字列の右の文字列に「網掛け」を施しなさい。

秘	I	II	III	禁

問題 3.9.5　上の文字列の左の文字を○で囲い文字にしなさい。

問題 3.9.6　上の文字列の中央の数字をそれぞれ□で囲い文字にしなさい。

問題 3.9.7　上の文字列の右の文字を△で囲い文字にしなさい。

東京未来大学　　情報処理基礎 I

問題 3.9.8　上の文字列に「ルビ」を振りなさい。

足立区彫霧駅　　乗法処理起訴 I

問題 3.9.9　上の文字列のなかで間違えのある部分に「取り消し線」を引きなさい。

3.5 段落番号と箇条書き

文書を作成する際、文書と文書の間隔をもたせたり、記号や番号を振ることで独立的な意味をもたせたり、順番を明確にするなど、さまざまな工夫が必要である。Word には、そうした工夫をうまく自動的に表示する機能が備わっている。

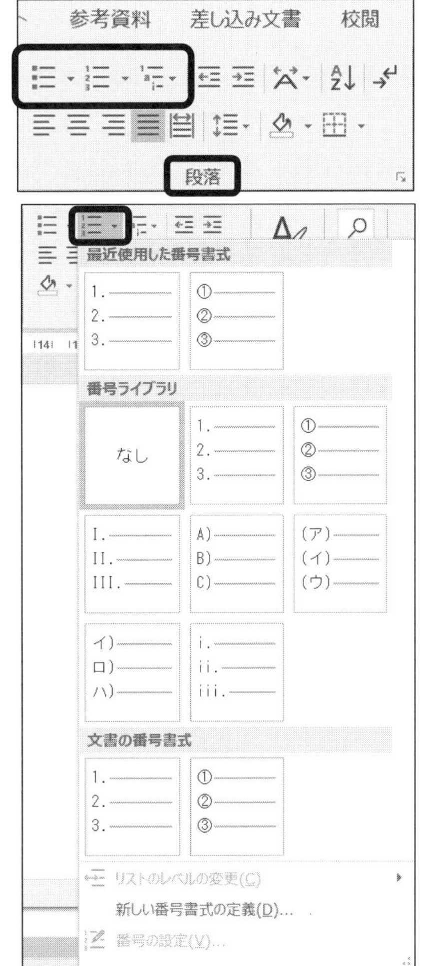

3.5.1 段落番号と箇条書きの設定

Word では、文書の頭に番号や記号を用いると自動的に次に入力する単語との間隔を調整し、次の行に移ると連続した行頭文字・段落番号が自動表示される。行頭の記号や番号は、[**ホーム**]タブの[**段落**]グループの中の[**箇条書き**]と[**段落番号**]のツールボタンで設定できる。そのままクリックしても設定は可能であるが、各ボタンの横にあるダイアログボックス起動ツールボタンをクリックするとドロップダウンリストが表示され、任意の記号や番号のスタイルの選択、定義の設定を行うことができる。

演習問題 3.10　段落番号と箇条書きの付け方

前述の説明を参考にしながら、次の問題に取り組みなさい。

ワード
エクセル
パワーポイント
アクセス
アウトルック

問題 3.10.1　上記の文章を入力して文頭記号の付いた箇条書きにしなさい。

問題 3.10.2　箇条書きにした文章を段落番号に置き換えなさい。

3.6 文字の移動と均等割り付け

文書は、基本的に左側を起点として書き始めることから、左側に寄せていることが多いが、文書の種類によっては、文字列を中央や右側に寄せる場合もある。また、文書によっては両端揃えにしたり、入力幅に合わせて均等に文字を割り付けたりした方が、体裁が整うこともある。

ここでは、必要に応じて文字列を配列できるよう各機能をマスターする。

3.6.1 文字の移動

Wordには、文字列を「**左揃え**」「**中央揃え**」「**右揃え**」に移動できるツールボタンが備わっている。文字の移動に関連する機能は、[**ホーム**]タブの[**段落**]のグループに集約されている。

（1）右揃え

1行目に日付や宛名のある文書では、送り主側の所属や氏名などを右揃えにすることが多い。

① [**ホーム**]タブの[**右揃え**]ボタンをクリックすると、文字列が右端に移動する。
② カーソルが入力した文字列の行頭から行尾の間にあれば、右へ移動が可能である。

（2）中央揃え（センタリング）

タイトルや送り状の標題などは、中央に配置されることが多い。文字を中央に配置することを「センタリング」という。

① [**ホーム**]タブの中の[**中央揃え**]をクリックする。
② カーソルが入力した文字列の行頭から行尾の間にあれば、中央へ移動が可能である。

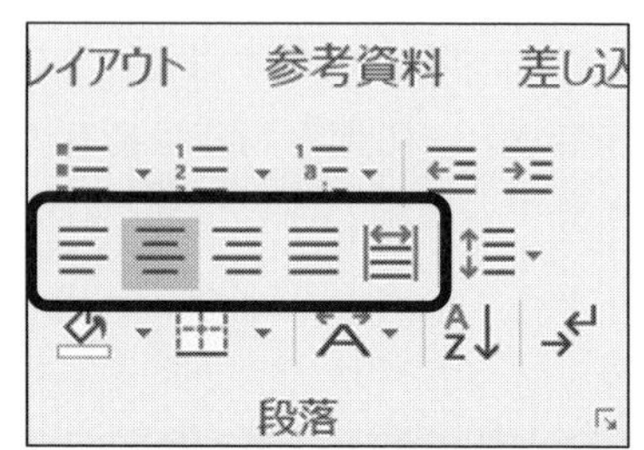

演習問題 3.11　文書の右揃えとセンタリング

前述の説明を参考に次の文書を入力し､必要に応じて右揃えとセンタリングをしなさい。（○の箇所は、本日の日付、自身の所属と氏名を入力）

○○○○年○月○日
文化祭実行委員　各位
文化祭実行委員
○○学部　○○○○
未来祭実行委員会開催のお知らせ

（３）　両端揃え

文書は、文字の形状によって多少の文字幅のずれがあり、句読点の使い方によってもずれが生じることがある。「**左揃え**」に設定して文書を作成すると、文書の左側はきれいに揃っているが、右側の方はその文字列によって長さが変わってくる。より見た目を美しくするためには、多少の文字幅のずれがあったとしても、入力範囲に応じて文書の両端をきれいに揃えてくれる「両端揃え」を使う。

① [**ホーム**]タブの中の[**両端揃え**]ボタンをクリックする。入力前に設定しても、入力後に範囲を選択して設定することも可能である。

（４）均等割り付け

箇条書きなどにおいて、文字数の異なる字句を並べて入力しなければならないとき、字句の境目が揃わず、見栄えが悪いことがよくある。このようなとき、指定した範囲に文字を均等に配する機能を「**均等割り付け**」という。

① [**ホーム**]タブの中の[**均等割り付け**]ボタンで行う。均等割り付けをしたい文字列の範囲を選択し、当該ボタンをクリックする。

② [**文字の均等割り付け**]ボックスが表示されるので、[**新しい文字列の幅**]のボックスをクリックする。

③ 割り付けの文字数を入れると、それに応じて割り付けられる。

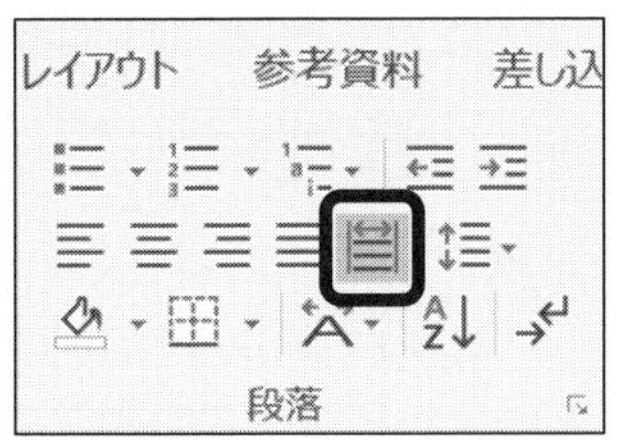

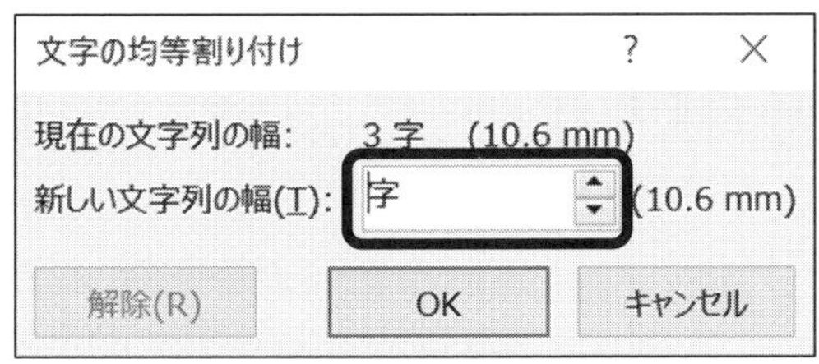

演習問題 3.12

次の段落番号付き文書を入力し、「開催日」「時間」「場所」「審議事項」の部分に均等割り付けをしてみなさい。

1.　開催日：○○○○年○月○日
2.　時間：○時○分～○時○分
3.　場所：未来大ホール
4.　審議事項：当日の運営スケジュールについて

3.7 文字のコピーと貼り付け

入力した文書の一部を複写して別の場所に移動する機能をコピーと貼り付けという。例えば、同じ表現を何度も活用するときなどに使うと便利である。コピーと貼り付けに関する機能は、[**ホーム**]タブの[**クリップボード**]グループに集約されている。

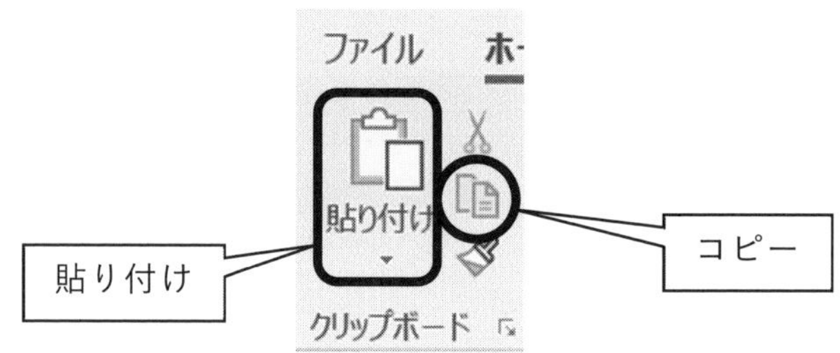

3.7.1 文字のコピー

① コピーをしたい範囲の文字列を範囲指定し、[**ホーム**]タブのリボンにある[**コピー**]ボタンをクリックする。
② 範囲指定した部分がメモリに記憶される。

3.7.2 貼り付け

コピーした文字列を転写先に表示したい際のツールが「**貼り付け**」である。

① 転写先にカーソルを点滅させ、[**ホーム**]タブの左端にある[**貼り付け**]ボタンをクリックすると、コピーした文字列が表示される。
② [**貼り付け**]ボタンの下にある▼印をクリックすると[**貼り付けのオプション**]ボックスが表示され、貼り付け方法を指定することも可能である。

演習問題 3.13　文字のコピーと貼り付け

次の文章を入力し、コピーをして、この下の行に貼り付けなさい。

〒120-0023　東京都足立区千住曙町 34-12

3.7.3 検索と置換

文章を入力し続けていると、同じことを異なる表現で記してしまい、表記ゆれが生じることがある。そうした際に役に立つ機能が「**検索**」と「**置換**」である。「**検索**」は、検索をしたい単語を入力することで、文書中にその表現を使用している場所を探して、ハイライトしてくれる機能であり、「**置換**」は、間違えて入力してしまった表現を正しい表現に置き換えてくれる大変便利な機能である。

「**検索**」と「**置換**」の機能は、[**ホーム**]タブの[**編集**]グループに集約されている。

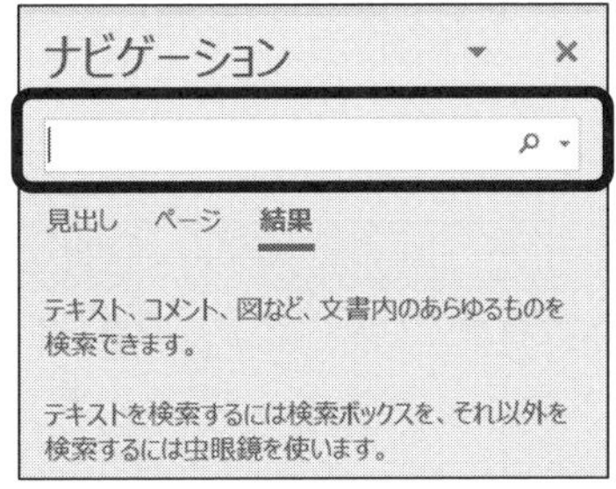

（1）検索

「**検索**」を活用する際は、次の手順で行う。

① [**ホーム**]タブの中の[**検索**]ボタンをクリックすると、文書ウィンドウの左側に[**ナビゲーションウィンドウ**]が表示される。

② [**文書の検索**]ボックス内に検索したい単語や文字列を入力すると、検索した単語や文字列を含む検索結果の文書がウィンドウ内に表示される。

③ 表示された任意の検索結果をクリックすると、右側の本文が自動的に該当部分に移動する。

④ 検索を終了する際は、ナビゲーションウィンドウの[**閉じる**]ボタンをクリックする。ナビゲーションウィンドウは閉じられ、通常の文書ウィンドウに戻る。

（2）置換

「**置換**」を活用する際は、次の手順で行う。

① [**ホーム**]タブの中の［演習］グループ内にある[**置換**]ボタンをクリックすると、[**検索と置換**]のボックスが開き、次のような[**置換**]タブが表示される。

② [**検索する文字列**]のボックスに置換を行いたい文字列を入力し、修正後の表現を[**置換後の文字列**]のボックスに入力した後に[**次を検索**]をクリックすると１つずつ表現の

置換を行ってくれる。

③ 一括ですべてを置き換えたい場合には、[**すべて置換**]をクリックすると、一度に全部の置換を行い、いくつの置換を行ったかは、後に表示される。

④ より詳細な設定をしたい場合は、[**オプション**]をクリックして設定する。

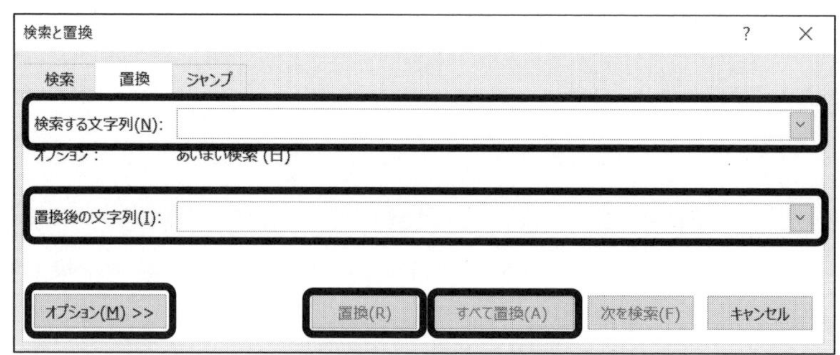

演習 3.14　検索と置換

次の文章の中から「未来大学」を検索し、「東京未来大学」に置換をしなさい。

> 未来大学は、東京都足立区千住曙町に本部を置く日本の私立大学である。2006年に設置され、学長は塚本伸一である。
> 未来大学の教育には特色があり、講義は常に教員と学生が活発にコミュニケーションをとれる環境を整えることを原則としている。未来大学の講義は、教員からの一方通行的な従来型ではなく、学生とのコミュニケーションを重視したキャッチボール型の授業を展開することで、学生の学びを深めることを目指している。

3.7.4 特殊な入力方法

大抵の文字や記号は変換によって呼び出すことが可能だが、なかには変換では呼び出せないものもある。そうした特殊な文字や記号は、従来の入力とは異なる方法で入力する。ここでは、そうした特殊な入力方法を身に付けよう。

特殊な入力方法に関する機能は、[**挿入**]タブの[**記号と特殊文字**]のグループに集約されている。

（1）記号と特殊文字

Word では、変換で呼び出せない記号や特殊文字をダイアログボックスに整理されており、そこから該当のものを探して本文中に挿入することで入力できる。その手順は次の通りである。

① [**挿入**]タブの[**記号と特殊文字**]をクリックすると、記号の一覧が表示される。

② その一覧の下の方にある[**その他の記号(M)**]をクリックすると、[**記号と特殊文字**]の

ダイアログボックスが表示される。

③ 中から任意の記号をクリックし、ボックス右下にある[**挿入**(I)]をクリックすると本文中に挿入される。

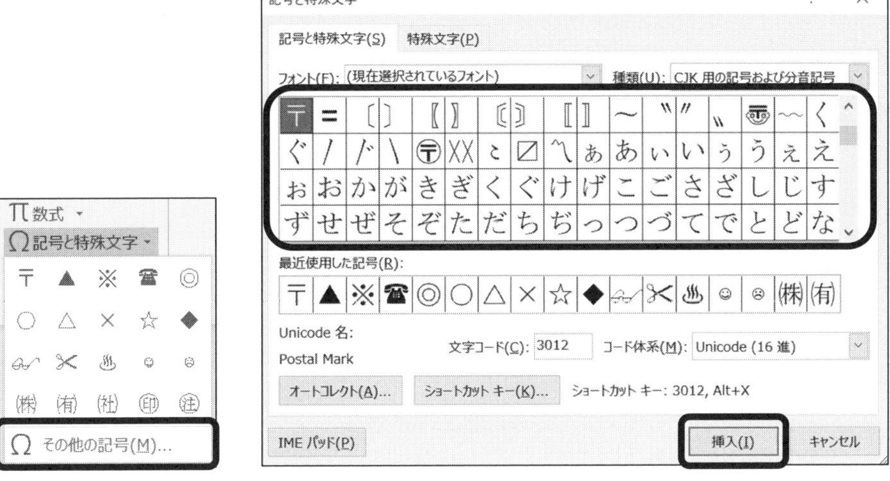

演習問題 3.15　記号と特殊文字の入力

前述の説明を参考にして、次の記号を入力しなさい。

（２）数式

Word では、簡単な数式は通常の方法で本文中に入力することが可能だが、分数やルート計算、積分、関数といった複雑な計算式や特殊な記号を使う計算式は、「数式ツール」を活用すると上手く入力することができる。

① [**挿入**]タブの[**数式**]ボタンをクリックすると、[**数式ツール**]タブが表示され、リボンに数式の記号や構造の一覧が表示されると同時に、本文中にも「ここに数式を入力します」の入力ボックスが表示される。

② [**構造**]グループの中から入力したい数式ボタンにある▼印をクリックすると、プレー

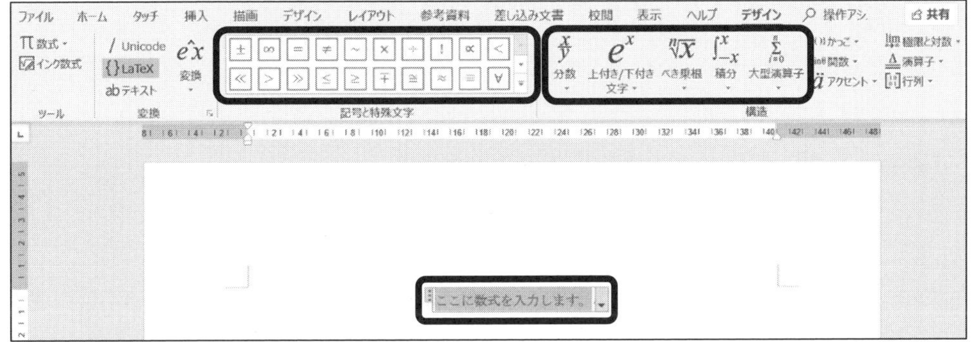

スホルダーの一覧が表示されるので、使用するデザインを選択する。

③ 選択したデザインは、本文中に表示されている「ここに数式を入力します」のボックスの中に表示されるので、数式の空欄に数字を入れると数式がそのまま本文に挿入される。

④ 数式には既に組み込まれている公式もある。[数式]ボタンの右にある▼をクリックすると[組み込み]ダイアログボックスが表示され、組み込まれた公式のリストが表示される。

⑤ 画面に表示しきれない式は［**Office.com のその他の数式（M）**］をクリックすると表示される。

⑥ 数式は手書き入力をすることも可能である。ダイアログボックスの下にある[**インク数式（K）**]をクリックすると、[数式入力コントロール] ボックスが表示される。「ここに数式を書きます」と表示された箇所にマウスでドラッグしながら数式を描くと「ここにプレビューが表示されます」の箇所に数式が反映される。数式の入力を終えたら、ボックス右下の［挿入］ボタンをクリックすると本文に数式が挿入される。

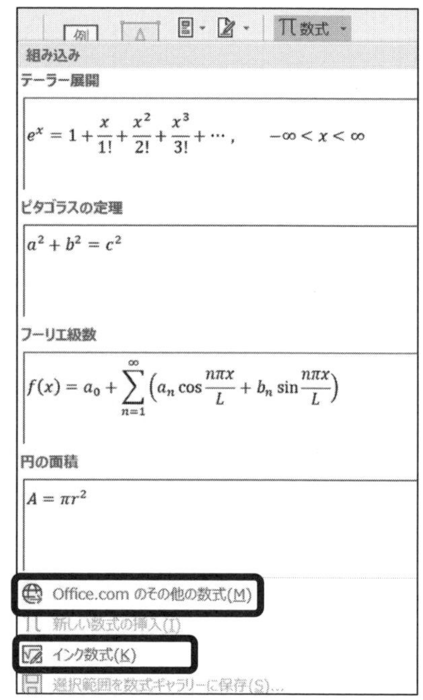

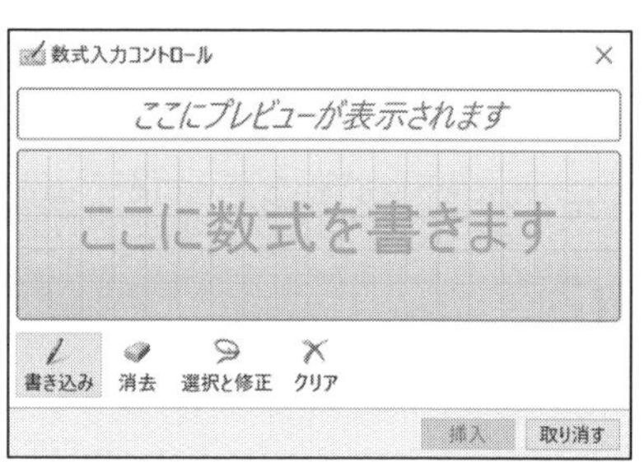

演習問題 3.16　数式の入力

前述の説明を参考にして、次の数式を入力しなさい。

$\frac{3}{5} + \frac{6}{7}$　　$\sqrt{2} + \sqrt{3}$　　$X^2 - Y^3 = 20$

（3）漢字の手書き入力

読みのわからない漢字を入力する際、あいまいな検索による数多くの候補から探し出すのは、面倒に感じられることが多い。また、辞書で総画数や部首を調べたりすると時間が掛かってしまうことがある。そうした場合に「IME パッド」を活用すると便利である。

① 「IME パッド」は、画面下の[**タスクバー**]の[**入力モード**]アイコンを右クリックすると開かれるダイアログボックスの中に表示される。

② 表示されたリストの中から[**IME パッド**]を選択してクリックすると、[**IME パッド-手書き**]のダイアログボックスが表示される。

③ 手書きパッドの中に「ここにマウスで文字を描いてください」と表示されている部分に、マウスでドラッグしながら文字を描くと、右の方に候補となる漢字が表示される。

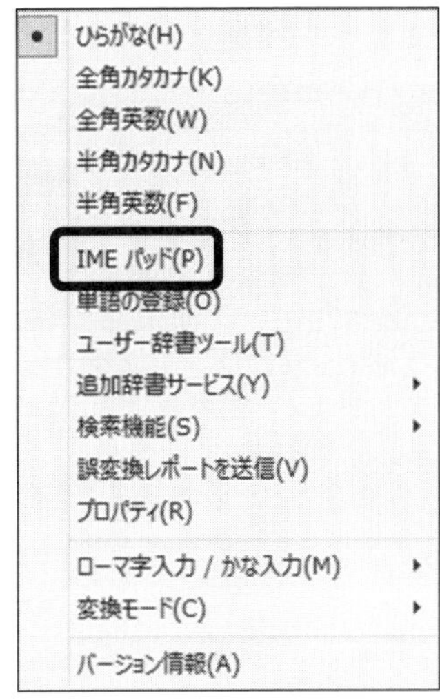

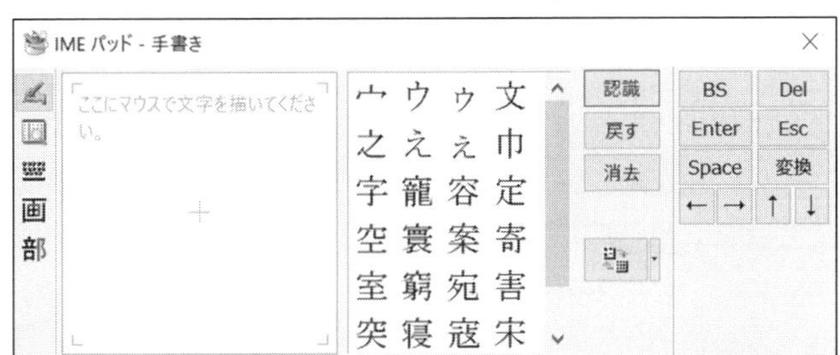

④ 一画増えるごとに近い文字を表示するので、途中で候補の漢字が見つかれば、その文字をクリックすると、本文中に挿入することが可能である。

⑤ 文字がうまく描けなかった場合は[**戻す**]をクリックすると、一画ずつ元に戻すことができ、最初から書き直したい場合には[**消去**]をクリックすると描いたものをすべて消去してくれる。

演習問題 3.17　IME パッドを使った入力

前述の説明を参考にしながら、IME パッドを使って、次の漢字を入力しなさい。

椰　䲡　鸛　蚤　梟

3.8 ワードアート

Word には、文字を色々な形に変形したり、色や影の加工を施したりできる「ワードアート」機能がある。お知らせやポスターを作成する際に、タイトルのデザインを見やすいものに加工することが可能である。

3.8.1 ワードアートの挿入

① 「ワードアート」機能は、[**挿入**]タブの[**テキスト**]グループの中にある。
② [**ワードアート**]ボタンをクリックすると、ワードアートの選択画面が表示される。
③ ワードアートスタイルの選択画面から任意のスタイルをクリックすると、「ここに文字を入力」と表示されたボックスが表示されるので、そのまま入力したい文字列を入力する。

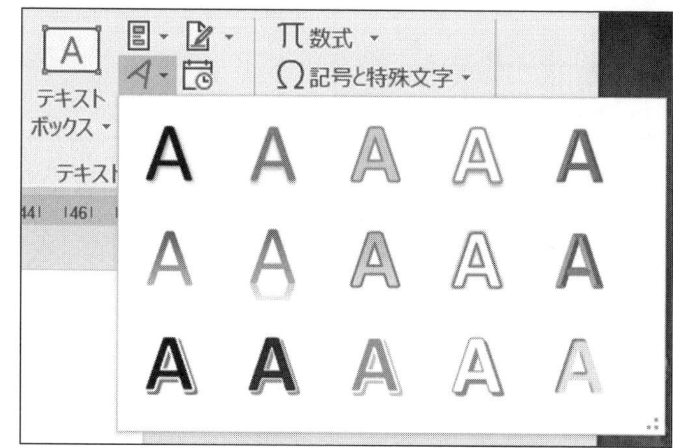

ここに文字を入力

3.8.2 ワードアートの編集

入力したワードアートは、スタイルの変更や文字の効果を施すことが可能である。ワードアートを挿入すると、描画ツールの書式タブがリボンに表示される。編集には「ワードアートのスタイル」グループを活用する。

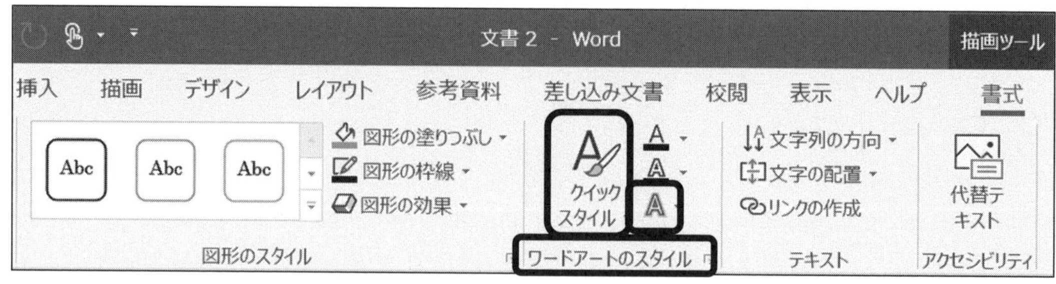

① 挿入したワードアートの変更は、[**クイックスタイル**]ボタンをクリックする。挿入時と同じウィンドウが表示され、そこから再度スタイルを選択し直すことが可能である。
② 作成したワードアートの効果は[**クイックスタイル**]の右下にある[**文字の効果**]をクリックすると編集が可能になる。影の効果や3-D効果、文字の変形などの機能が備わっ

ている。

演習問題 3.18　ワードアート

次の例を参考にワードアートを作成しなさい。

東京未来大学

3.9 文章の段組み

これまで作成してきた文章はすべて１段組みであるが、Word ではそれらを複数段に段組みを変えることが可能である。１段では見づらい文書でも、段組みをすることで、１行の文字数が少なくなり、読みやすくすることが可能である。

① 段組みの機能は、[**レイアウト**]タブの中の[**ページ設定**]グループの中に入っている。

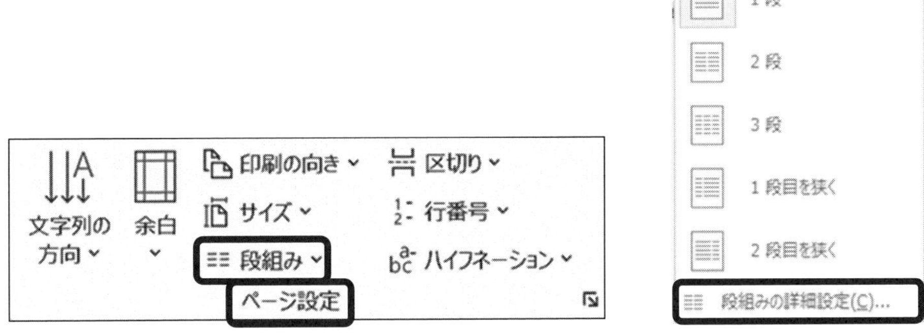

② [**段組み**]をクリックすると、ドロップダウンボックスが表示され、段組みの種類が表示される。横書きでも縦書きでも、段組みは３段まで可能である。入力した文書のうち、段組みを行いたい範囲を指定してから、任意の段数を選択する。

③ より詳細な設定をする場合、ドロップダウンボックスの一番下にある[**段組みの詳細設**

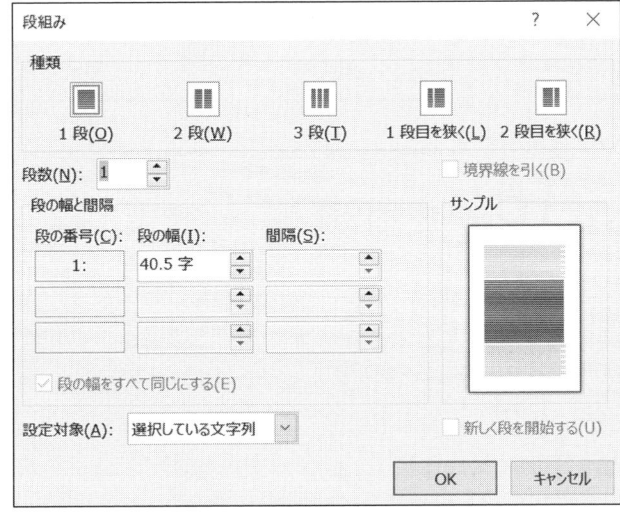

定]を選択すると、[**段組み**]ウィンドウが表示される。このウィンドウでは、段数、段の間の境界線の有無、段の幅と文字数などの設定を行うことが可能である。設定されたスタイルは、ウィンドウ内右側の[**サンプル**]で確認することができる。

演習問題 3. 19

次の文章を入力し、２段と３段の段組みをしなさい。

モチベーションという言葉は、スポーツ選手が使うようになって一気に世の中に広がりましたが、もともとは心理学が扱う「動機づけ」のこと。人が何かを行動を起こしたり、それを持続させるときの原動力です。逆に言うと、このモチベーションを知り、上手にコントロールできるようになれば、いつでもやる気でいっぱいの状態でいられるということなのです。
モチベーションの高い人がひとりいるだけで、その周辺にいる人のモチベーションも高まります。思い出してみて下さい。みなさんの近くにもそんな人がいるのではないでしょうか。その人が言うならやってみようと思えたり、その人と話すと自分に自信が持てたり。活気のある場所にはいつもモチベーションの高い人、モチベーションをつくりだせる人がいるのです。
企業がどんな人材を求めているのかを調べると「主体性のある人」が上位項目にあがります。つまり「自分で目標を決めて、自分で動きだせる人」。モチベーションの力そのものを指しています。しかしこれまで学問として体系的にこの力を学べる大学はありませんでした。モチベーションは生まれつきもった才能ではありません。科学です。誰もが学べば身につけられる技術なのです。
モチベーションの力は教育現場でも求められています。やる気の構造を科学的に学び、先生がこどもたちをその気にさせることができれば、学習意欲や運動意欲を高めることができるからです。また公務員など街づくりをリードする立場にモチベーションを学んだ人がいることで、訪れる人にとって魅力的な街になるだけでなく住む人にとっても安全で暮らしやすい場所をつくりだせるのです。
（東京未来大学 HP より）

3.10 図形等の挿入

Word では、自分のパソコンやリムーバブルディスクのファイルに入っている「**図**」や、オンラインで入手できる「**オンライン画像**」、描画できる「**図形**」、情報を視覚的に表現する「**スマートアート**」などを文書に挿入することができる。言葉では表現しにくい場合や、図式化した方が読み手にとって理解しやすい場合などに非常に便利な機能である。図形の挿入に関する機能は、[**挿入**]タブの[**図**]グループに集約されている。

3.10.1 オンライン画像の挿入

「オンライン画像」は、オンラインで入手できるイラスト、写真、画像などの無料の視覚素材を指す。キーワードを使って検索し、任意の素材を選択して Word 文書内に挿入することができる。

① [**挿入**]タブを開け、「図」のグループの中にある [**画像**] を選択すると画像挿入元のリストを記したウィンドウが開く。リストの中にある[**オンライン画像**]のボタンをクリックすると、イラストや写真等の画像素材を検索できるウィンドウが表示される。カテゴリー別のタイルをクリックすると、そのカテゴリーに関連したイラストや写真が表示される。表示された中から任意の画像をクリックし、作成文書中に挿入することができる。

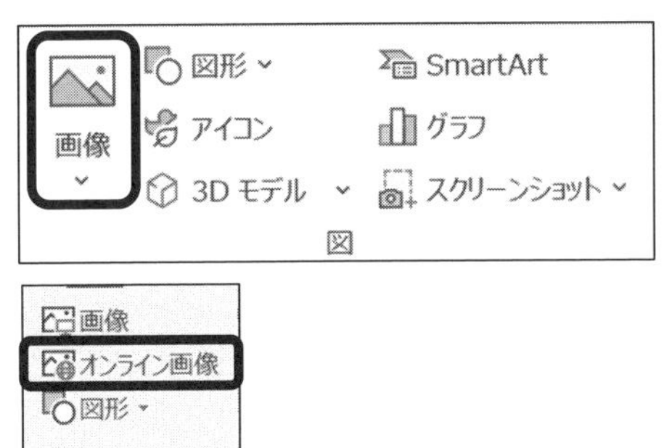

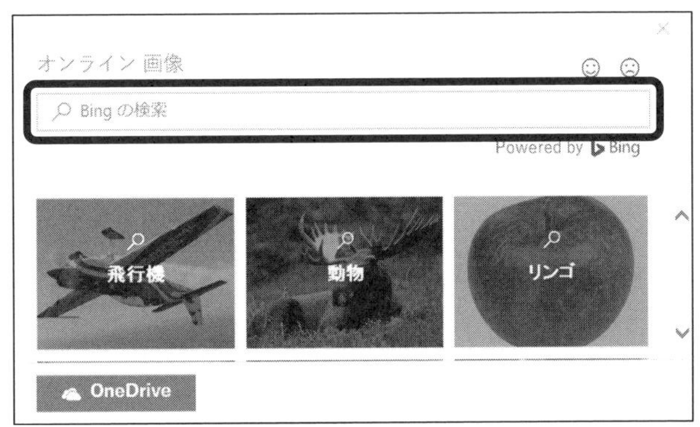

② また、探したい視覚素材のキーワードを入力すると、検索ウィンドウにキーワードに関連するイラストや写真等の画像素材が表示される。

③ 素材を挿入し、選択した状態にすると、[**図形ツール**]の[**書式**]タブが表示され、挿入した素材を加工することが可能になる。素材の図形スタイルを編集したり、位置を回転させたり、トリミングをしたりと、さまざまな加工ツールが備わっている。

演習問題 3.20　イラストや写真等の画像素材の挿入

問題 3.20.1　「オンライン画像」のボタンをクリックし、検索ウィンドウを使って画像素材を検索し、その中から好きな素材を 1 つ選択して作成文書内に挿入しなさい。

問題 3.20.2　「図形ツール」を使って、挿入した画像素材を編集しなさい。

3.10.2 図形の描画

Word では、線・基本図形・ブロック矢印・フローチャート・吹き出し・星とリボンといったオートシェイプを使って、文書の中に基本的な図形を描くことができる。

① [**挿入**]タブを開き、[**図形**]ボタンをクリックすると、ドロップダウンボックスが開き、図形や線のリストが表示される。

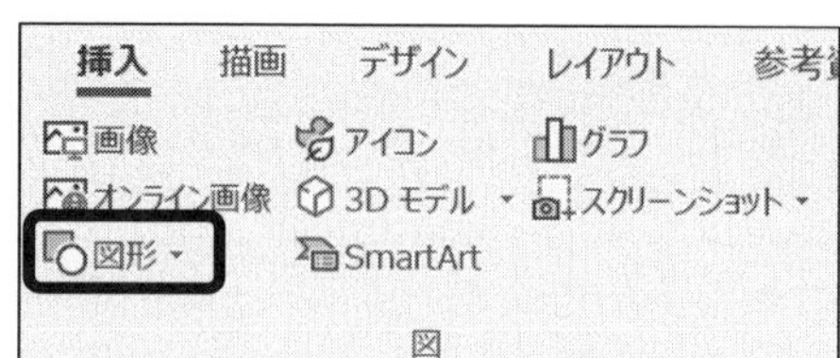

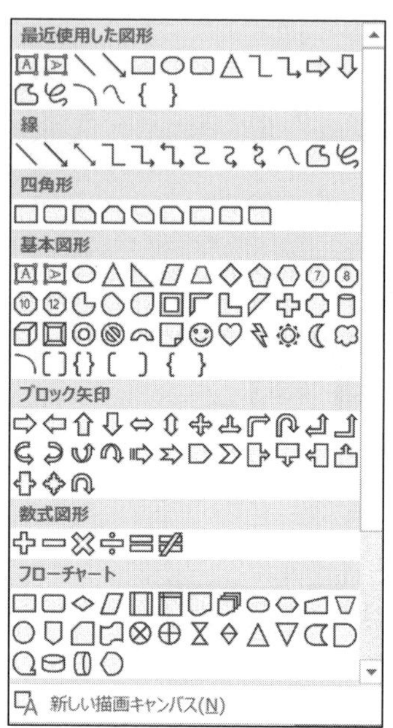

② 挿入したい図形をドロップダウンボックスの中から選び、クリックすると、作成中のページ内でマウスポインターが「＋」に変わる。

③ 図形を描きたい場所でドラッグして、図形の大きさを調整し、ちょうどよいところでマウスボタンを離すと任意の大きさの図形が描ける。

演習問題 3.21　図形の描画

[**図形**]描画ツールを使って、堀切駅から東京未来大学までの道のりを示した地図を描きなさい。

3.10.3 SmartArt

「SmartArt」は、リスト・手順・循環・階層構造（組織）・集合関係・マトリックス・ピラミッドといった情報を視覚的に表現するグラフィックが簡単に描ける機能である。

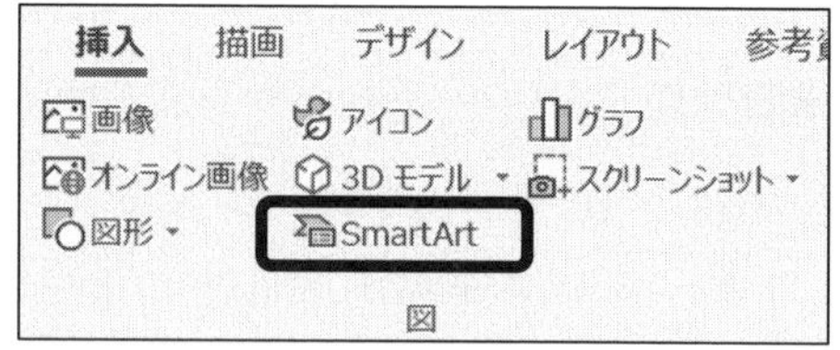

① [**挿入**]タブを開き、[SmartArt]ボタンをクリックすると、[SmartArt **グラフィックの選択**]ダイアログボックスが表示される。

② 機能ごとにグラフィックは分類されており、それぞれのグラフィックのアイコンをクリックすると、ダイアログボックスの右側にそのグラフィックの名称と最適な使用方法が書かれた説明文が表示される。選択したグラフィックでよければ、[OK]ボタンをクリックすると作成中の文書に表示される。

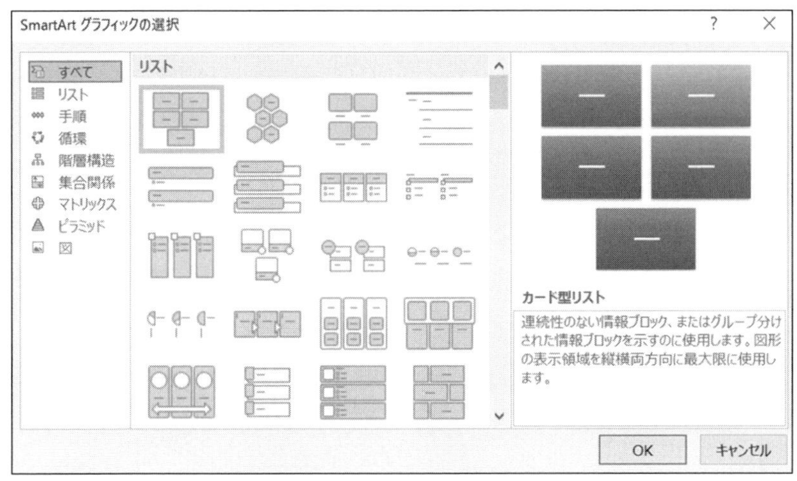

③ 挿入したグラフィックを選択した状態にすると、[**SmartArt ツール**]の[**デザイン**]と[**書式**]タブが表示され、スタイルや色、線枠の色、文字のスタイルなどさまざまな設定ができる。

演習問題 3. 22　SmartArt
「SmartArt」を使って、自分の家系図を描きなさい。

3.11 表の作成と編集

Word では、文章中に表を作成して挿入することが可能である。また、表の行数と列数は任意に設定することができる。
表の作成に関する機能は[**挿入**]タブの[**表**]のグループに集約されている。

3.11.1 表の作成

Word では、任意の列と行の数をあらかじめ設定した表を、文書に挿入することが可能である。表の作成手順は、以下の通りである。

① [**挿入**]タブにある[**表**]ボタンをクリックし、[**表の挿入**]ボックスを開く。
② ボックスにあるマス目にマウスポインターをスライドさせ、行と列の数を選択しクリックをすると、選択されたマス目に応じて表が文中に挿入される。
③ もう少し詳細な設定を行いたい場合は、マス目の下にある[**表の挿入(I)**]をクリックすると[**表の挿入**]のダイアログボックスが表示され、列数と行数だけでなく、列幅の調整も可能である。

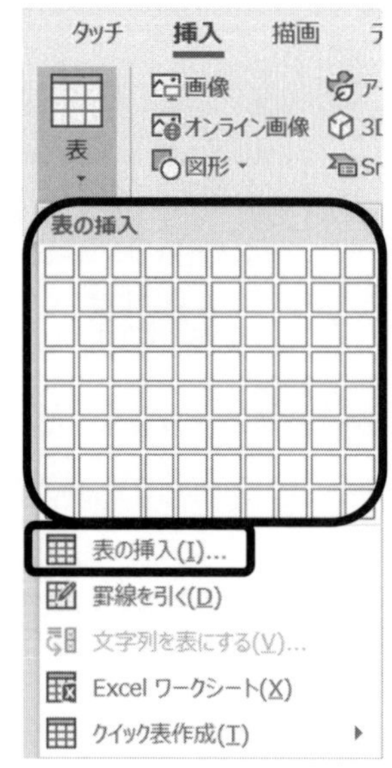

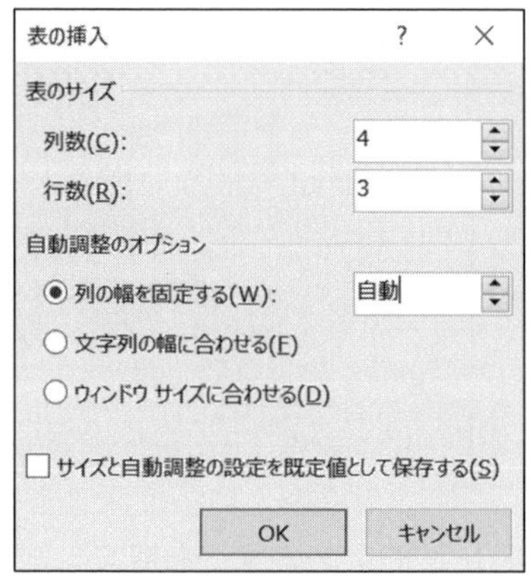

3.11.2 行・列の挿入と削除

作成した表の行と列を追加したい場合は、以下の手順で行う。

① 挿入したい行の上下、あるいは列の左右のマスを１つ選択すると、リボン上に[**表ツール**]の[**デザイン**]と[**レイアウト**]のタブが表示されるので、[**レイアウト**]タブの方を選択する。

② [**行と列**]グループから挿入したい機能のボタンをクリックすると、行または列が任意の場所に挿入される。

表示されている行や列を削除したい場合は、以下の手順で行う。

① 削除したい行または列の１マスを選択し、[**レイアウト**]タブのリボン上の[**削除**]ボタンをクリックすると、プルダウンボックスが表示される。

② その中のセル・行・列・表のいずれかを選択してクリックすると、それぞれ選択した項目の削除項目に関するボックスが表示されるので、任意の項目を選択して削除する。

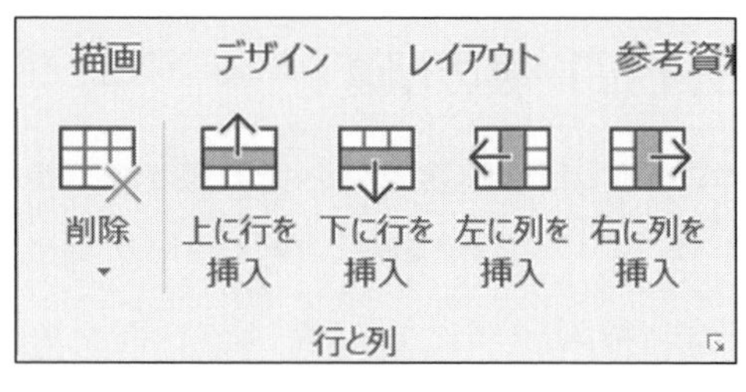

3.11.3 列幅の変更

表は列の数に関わらず、文書の横幅一杯に表示がされているため、縦罫線を移動して表の横幅と各列の幅を手動で変えることが可能である。

① マウスポインターを、移動したい縦罫線の上に置くと、マウスポインターの形が ╫

に変わる。 ╫ に変化したら、クリックしてからドラッグしたまま左右に動かすと罫線が移動するので、任意のところでドラッグをはずすと幅が変更される。

② また、表全体の幅を変更してから列の幅を揃えることも可能である。左端か右端の罫線を内側に移動してから、表全体を選択する。

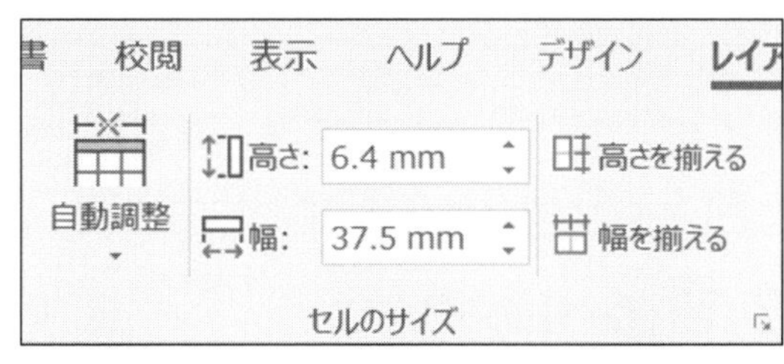

③ 次に[**レイアウト**]タブのリボンにある[**幅を揃える**]のボタンをクリックすると、列幅を均等に揃えてくれる。同じように行の高さを揃えることも可能である。

3.11.4 セルの結合と分割

表の各セルは、結合したり、分割したりすることが可能である。セルを結合する場合は、次の手順で行う。

① 結合を行いたいセルを全部選択し、[**レイアウト**]タブの中の[**セルの結合**]ボタンをクリックすると、選択した部分が1つのセルとなって表示される。

② 分割の際も同じ手順で、分割したいセルを選択して、最後に[**セルの分割**]ボタンをクリックすると[**セルの分割**]ボックスが表示されるので、分割したい列数と行数を入力する。

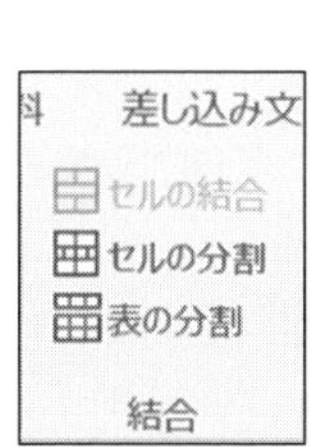

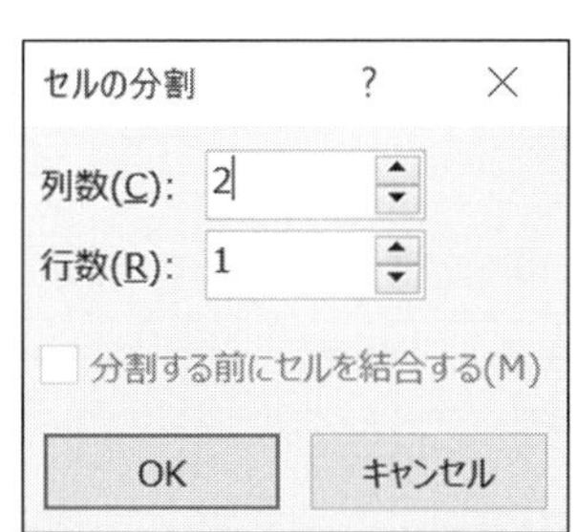

3.11.5 表の文字の中央揃え・右揃え・両端揃え

表の中の文字は、挿入時は常に左揃えになっているが、文字を中央揃え、右揃え、両端揃えのそれぞれに変更することも可能である。

① 文字の揃え方を指定したいセルを選択すると、タブの上に[**表ツール**]が表示される。

② その中の[**レイアウト**]タブを選択し、リボンの中の[**配置**]グループにある配置ボタンを選択してクリックすると、文字の揃え方を変更できる。

③ 各ボタンにマウスポインターを置くと、どの位置に文字を揃えるのかを表示してくれる。

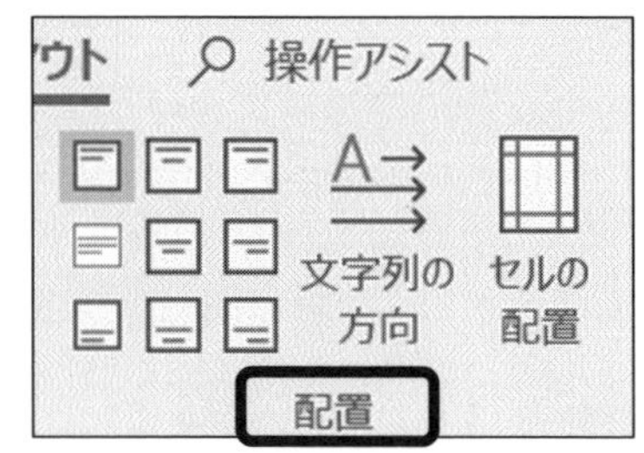

3.11.6 表のデザイン

表の標準スタイルは、黒い罫線と白色の背景であるが、よりデザイン性のあるスタイルに変更することが可能である。

① 作成した表を選択し、[**表ツール**]の[**デザイン**]タブを選択すると、[**表のスタイル**]というグループがリボンの真ん中あたりに表示される。
② そのグループの右側の▼をクリックすると、格納されているデザインのバリエーションが表示される。
③ タイトル部分や集計部分など、作成する表に応じて色分けや強調したい部分をリボンの左端にある[**表スタイルのオプション**]で選択をすると、デザインのバリエーションごとに異なるデザインを表示してくれるので、その中から最も適したデザインを選択する。

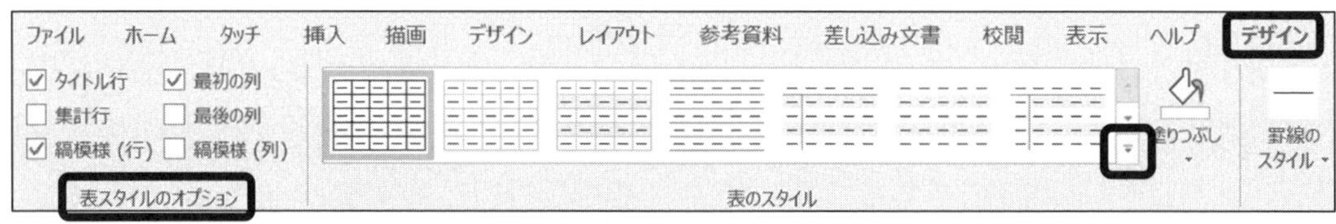

演習問題 3. 23　表の作成と編集

次のような表を作成しなさい。

学部	学科	コース
こども心理学部	こども保育・教育専攻	幼・保コース
		小・幼コース
	こども心理専攻	
モチベーション行動科学部	モチベーション行動科学科	

3.12 ドロップキャップ

Wordでは、指定した段落の行頭の文字だけを強調して大きく表示する「ドロップキャップ」機能がある。この機能を活用する手順は以下の通りである。

① 大きくしたい文字の左側をクリックする。
② [**挿入**]タブを開き、[**テキスト**]グループの中にある[**ドロップキャップ**]をクリックし、一番下にある[**ドロップキャップのオプション**]を選択する。
③ [**ドロップキャップ**]ボックスが表示されるので、表示する位置を選択し、フォントとドロップする行数、本文からの距離を入力したのちに[**OK**]をクリックする。

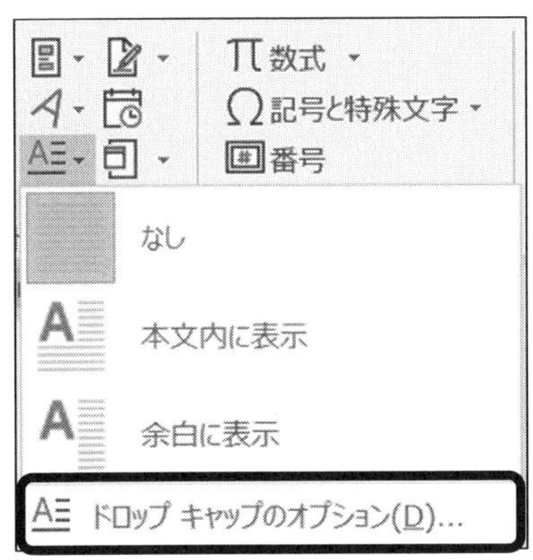

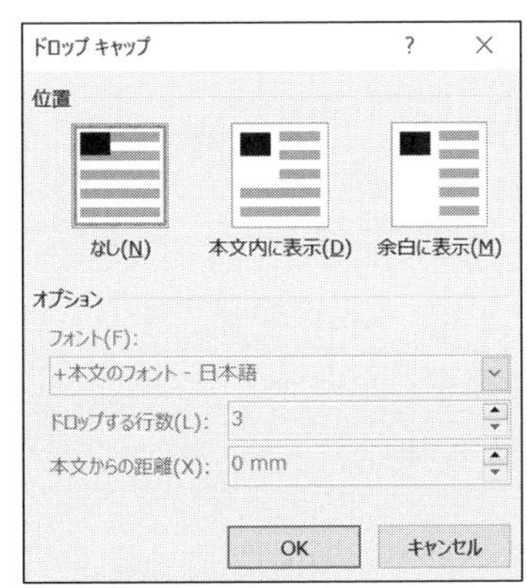

演習問題 3.24　ドロップキャップ

次の文章を入力し、次のように一番左上の文字にドロップキャップを設定しなさい。

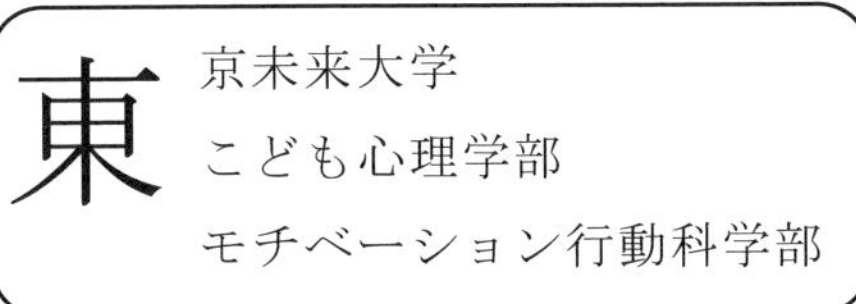

3.13 ページ罫線

ページの周囲に引く罫線のことを「ページ罫線」と呼ぶ。Wordでは、シンプルな線状のデザインから絵柄まで選択肢の幅が広く、中には色や太さなどを編集できるパターンもある。

① [**デザイン**]タブを開き、[**ページの背景**]グループの中の[**ページ罫線**]をクリックする。
② [**線種とページ罫線と網かけの設定**]ボックスが表示されるので、[**ページ罫線**]のタブを選択する。
③ 左側の[**種類**]の中から[**囲む**]を選択し、中央の[**種類(Y)**][**色(C)**][**線の太さ(W)**][**絵柄(R)**]のそれぞれをクリックして、任意のページ罫線のデザインを選択し、設定する。最後にボックスの右下の[**OK**]をクリックする。

④ 設定したデザインは、右側の「プレビュー」で確認することが可能である。
⑤「プレビュー」では、ページ罫線の4辺のそれぞれの表示、非表示をクリックして選択することができる。

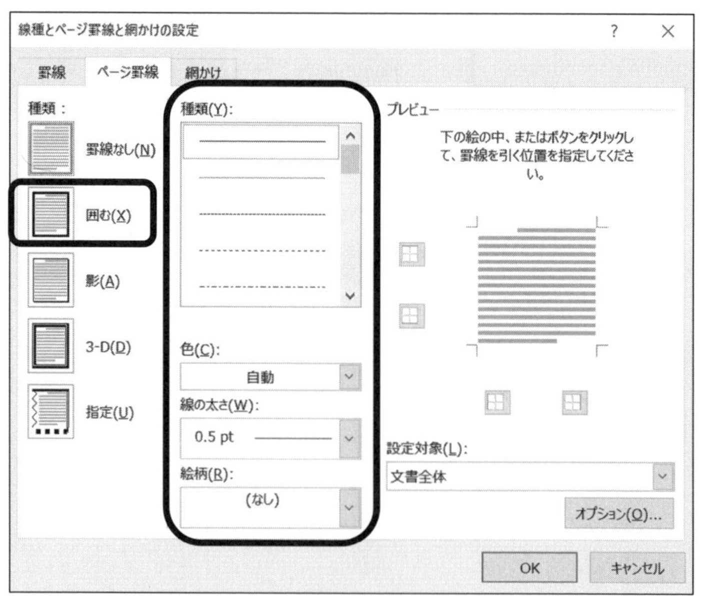

演習問題 3. 25　ページ罫線

Wordを新規に立ち上げ、任意の絵柄のページ罫線を引きなさい。

3.14 印刷

Word では、印刷をする際に事前に[**印刷**]画面で確認し、[**プリンター**]の選択と[**設定**]で印刷条件の各項目を設定してから行うことができる。印刷の際の手順は、次の通りである。

① [**ファイル**]タブをクリックする。

② 左側に表示されたリストから[**印刷**]を選択すると、リストの右側に[**印刷**]枠が表示される。

③ [**印刷**]を行う際には、必ず表示されているプリンター名が合っているかどうか、印刷範囲と部数、印刷の向き、用紙サイズ、用紙 1 枚当たりの印刷ページ数などは間違っていないか、印刷範囲と余白が合っているかどうかを確認してから、左上にある[**印刷**]ボタンをクリックする。

3.15 課題作成

次の 3 つの課題に取り組んでみよう。

〇〇〇〇年〇月〇日

〇〇高等学校（例：宛先は自由記述）
〇〇〇〇先生（例：氏名はできるだけフルネームで）

東京未来大学　〇〇学部
〇年　〇〇〇〇（氏名はフルネーム）

「未来祭」へのご招待

春たけなわの今日この頃、ますます御健勝のこととお慶び申し上げます。

さて、来る六月に私の通っている大学による大学祭「未来祭」を開催する運びとなりました。「未来祭」では、私もクラスメートと一緒に〇〇を出店する予定です。

ぜひ先生にもお越し頂けたらと思い、本状を差し上げました。お忙しいとは存じますが、ご参加頂けましたら幸いです。

お目にかかれることを楽しみにしております。

＝記＝

1.　イベント：「未来祭」
2.　日　　時：〇〇〇〇年〇月〇日～〇月〇日　〇時～〇時
3.　会　　場：東京未来大学　堀切キャンパス
4.　住　　所：〒120-0023　東京都足立区千住曙町 34-12

未来祭のご案内

今年(ことし)も新緑(しんりょく)の季節(きせつ)がやってきました！

東京未来大学(とうきょうみらいだいがく)では、今年(ことし)も「未来祭(みらいさい)」を開催(かいさい)いたします。

一人(ひとり)でも多く(おおく)のご参加(ごさんか)を楽(たの)しみにしております。

どうぞお誘い合わせ(おさそいあわせ)の上(うえ)、ご来場(ごらいじょう) ください。

イベント	「未来祭」
日程	2024年6月2日〜6月3日
会場	東京未来大学　堀切キャンパス
住所	〒120-0023　東京都足立区千住曙町 34-12

→ 余裕のある人は、以下の余白にクラスの出し物の宣伝を書いてください。
デザイン、フォント、色使い等は自由です。
皆さんのセンスを活かして素敵なチラシにしてください。

未来大便り○月号

今月のお知らせ

※挿入する図形やイラストは自由です。

目指せ！優勝！

東京未来大学では、毎年秋に「三幸フェスティバル」が開催されます。赤・青・黄・緑の４チームに分かれて、「競技」「応援」「パフォーマンス」の３つの分野を競い合う体育祭です。毎年、優勝を目指して各チーム練習を重ね、本番で成果を披露します。

熱気あふれる競技とパフォーマンス

三幸フェスティバルの見ごたえのある競技には、「綱取り合戦」と「クラス対抗リレー」があります。

綱取り合戦では、男女別に色別対抗で、床に置いてある複数の綱を素早くつかみ、自分たちのチームのエリアに持っていく競技です。より多くの綱を奪い取った方が勝ちとなります。１本の綱が終わると、また次の綱へと移動し、他のメンバーに加勢します。瞬発力とパワーが魅力の競技にスタンド席の応援も熱が入ります。

クラス対抗リレーは、三幸フェスティバルの名物と呼ばれています。選手が一丸となってバトンを手渡していくリレーは、ハプニングが付きもの。転んだり、ぶつかったり、逆転をされてしまったりと、最後まで勝敗が読めないので、応援する方もハラハラ、ドキドキします。

三幸フェスティバルのもう１つの魅力が「パフォーマンス」です。チームごとにストーリー、ダンス、音楽、衣装の構成をすべてゼロベースから作り上げます。学部や専攻、そして学年を越えて、学生主体で作り上げる作品は、完成までに苦労が絶えませんが、その達成感は他では味わえない感動があります。

頑張る力の源、応援合戦！

応援団は、体育祭の花形です。特に各チームの応援団による「演舞」は人気の高い演目です。各チーム、男団長・副団長、女団長・副団長が選ばれ、チームの中心となって工夫を凝らした演舞を作り上げます。毎年、各チームの個性あふれる迫力の演舞は、会場全体を魅了します。また、三幸フェスティバルの応援合戦は、選手のモチベーションを上げるだけでなく、チームの連帯感を高める重要な役割を担っています。

第 4 章 表計算ソフトの使用方法

4.1 Excel Office365 とは

Excel とは、Microsoft 社が Windows、Mac OS 向けに提供している表計算ソフトである。表計算ソフトとは文字通り、計算、表やグラフの作成、簡単な分析を行うことができる。Excel はデータ整理や資料作成に用いられる。

4.1.1 Excel の起動と終了

（1）Excel の起動

① デスクトップ画面にある のアイコンをクリックし、メニューを表示する。

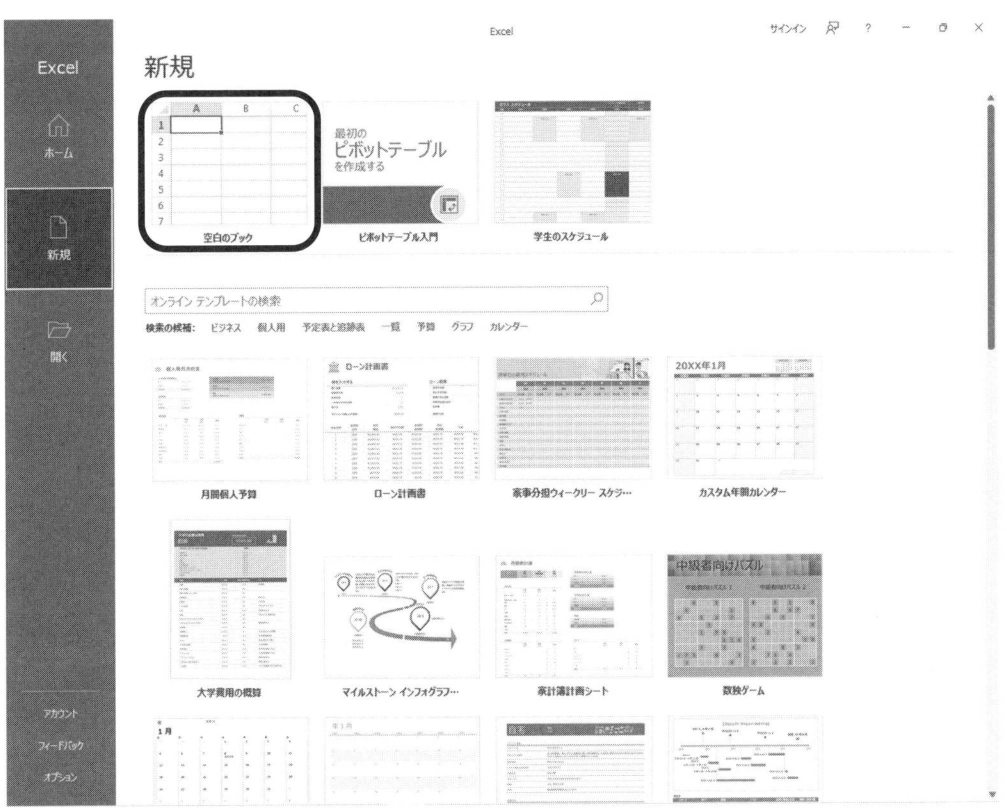

② メニューが表示されるので、[Excel]をクリックする。
[アプリ]の表示数が多く[Excel]が表示されない場合、メニュー横にあるツールバーをスライドし、表示させる。

③ [Excel]が起動し、最初に［**ホーム**］画面が表示される。［**ホーム**］画面では、［**空白のブック**］、Excel の操作方法、［**最近使ったアイテム**］が表示される。また、［**新規**］画面では、使用できるシートのテンプレート一覧が表示される。新規ファイルを作成する場合は、［**ホーム**］画面か［**新規**］画面にある[**空白のブック**]を選択し、クリックする。

（2）Excel の終了

① Excel 画面の右上にある[**×**]**ボタン**をクリックすると Excel が終了する。
このとき、Excel シートに変更がある場合、'Book1' への変更内容を保存しますか？ という注意が現れる。
ここで[**保存(S)**]を選ぶと保存して終了するが、[**保存しない(N)**]を選ぶと保存せずに Excel が終了してしまう。また、キャンセルを選ぶと Excel の終了を取り消すことができる。

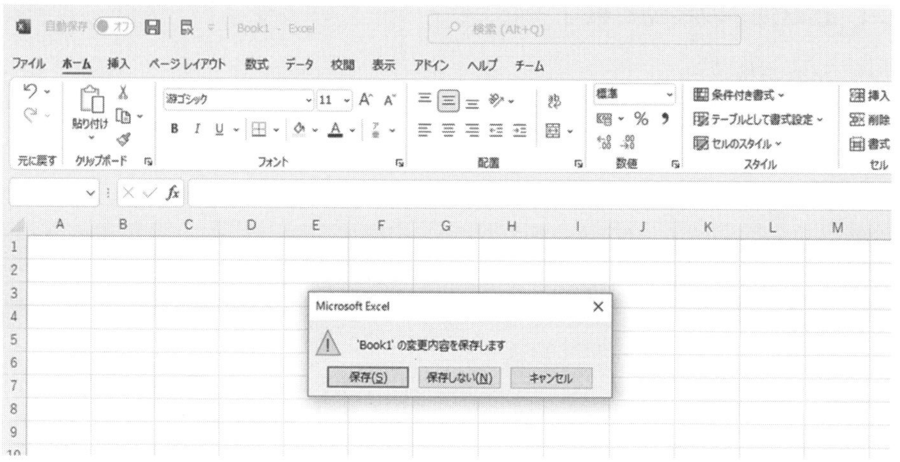

4.1.2 Excel の画面構成

Excel の[**空白のブック**]を選択し、クリックすると次ページの画面が現れる。Excel も他の Microsoft Office のアプリケーションと同様に、作業内容に応じて[**タブ**]を切り替えて用いる。[**ホーム**]タブ画面を利用して、Excel の画面構成を確認しておく。

タイトルバー ･･･ 今現在開いているファイル名が表示される。

クイックアクセスツールバー ･･･ 初期では[上書き保存]ボタンが配置されている。[Excel のオプション]あるいは、**クイックアクセスツールバー**のプルダウン（▼）をクリックし、[**クイックアクセスツールバーのユーザー設定**]から、カスタマイズできる。

タブ ･･･ 機能ごとにリボンがまとめられている。使用する機能に応じて、タブを切り替える。

リボン ･･･ 利用されることの多い機能がグループごとにまとめられている。

[ファイル]タブ ･･･ ファイルの新規作成、保存、印刷、終了などの基本操作が行える。また、[Excel のオプション]呼び出しも、[**ファイル**]タブから行える。

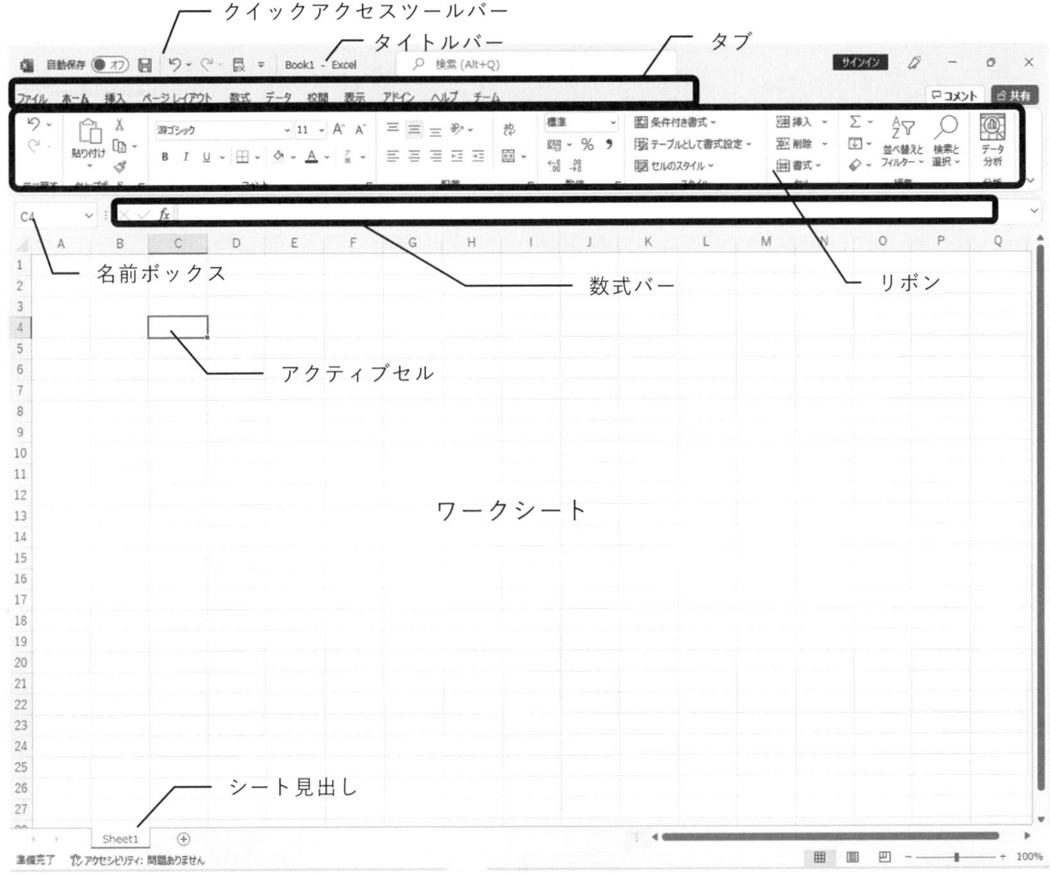

数式バー ･･･ アクティブセル内の値や数式を表示する。

ワークシート ･･･ マス目状に区切られた計算表であり、このマス目状に区切られた１つ１つをセルという。

アクティブセル ･･･ アクティブセルは、太枠で囲まれている今現在操作対象となっているセルを指す。マウスでドラックする以外にも矢印キー（[↑]キー、[↓]キー、[←]キー、[→]キー）でもマウスポインターは移動できる。

名前ボックス ･･･ アクティブセルの位置がセル番号で表示される。セル番号はセル番地ともいう。セル番号は列番号（アルファベット）と、行番号（数値）で表される。上の図の場合、アクティブセルをセル番号で示すと、**C4** となる。Excel では、数式やグラフ作成の際、セル番号を多用するので、セル番号の見方を理解しておくこと。

シート見出し ･･･ シート名を表す。シート名は、変更することが可能である。Excel では、作業に応じてシートを切り替えて用いることも多く、作業内容がわかるようにシート名を変更して用いることが望ましい。また、Excel の新規ファイルを開いたとき、シートは１つだが、シートは[⊕**ボタン（新しいシート）**]をクリックすることによって増やすことができる。

（1）シート名の変更

① シート名の上で右クリックする。

② 表示されたメニューの中から、[**名前の変更(R)**]を選択しクリックする。

③ シート名の色が反転し、文字入力が行えるようになるので、シート名を入力する。

④ 新しいシート名を入力し終えたら、[Enter]キーを押し、入力を確定する。

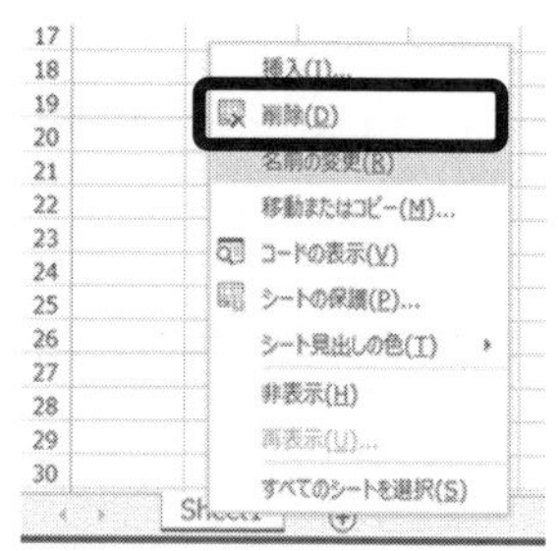

なお、シート名の変更は、シート名上でダブルクリックしても行える。

4.1.3 マウスポインターの形状

Excel では、画面上のどの位置にマウスポインターがあるかによって、マウスポインターの形状が変化する。

マウスポインターの形状

マウスポインターの場所	マウスポインターの形	操作
タブ・リボン上		タブ・リボンの選択・決定
ワークシート上		セルの選択・決定
アクティブセル右下の四角形		オートフィル
列番号・行番号の上		列番号・行番号の選択・決定
列番号境界・行番号境界の上		列幅・行の高さの変更

4.1.4 データの入力

Excel にデータを入力する場合、入力したいセルをクリックし、アクティブにする。Excel は最初、入力形式が直接入力となっているため、日本語を入力する場合[**半角／全角**]キーを押し、日本語入力ができるようにする。

4.1.5 データの修正と削除

間違ったデータを入力した場合、訂正したいセルをアクティブにし、正しいデータを打ち直す。こうすることで、正しいデータが上書きされ、データが修正される。

データを削除したい場合、削除したいセルをアクティブにし、[Delete]キーを押す。削除するセルは範囲指定して行うこともできる。

例題 1　簡単な表の作成

次の図のような簡単な表を作成しなさい。

	A	B	C	D	E	F
1						
2						
3		国語	数学	理科	社会	
4		59	72	68	93	
5		84	65	84	84	
6		47	93	90	83	
7		80	66	72	81	
8		48	46	93	60	
9		82	81	68	93	
10		85	54	82	75	
11						

手順

① Excelの起動直後は直接入力になっているので、[**半角／全角**]キーを押し、日本語入力ができるようにする。

② セル「B3」をクリックし、国語と入力する。

③ 同様にセル「C3」に数学、「D3」に理科、「E3」に社会と入力する。

④ セル「B4:E10」までに得点を入力する。

4.1.6 データの保存

入力したデータを保存する。初めて作成した新規ファイルを保存する場合、名前を付けて保存を行う。

手順　入力した成績表の保存

① [**ファイル**]タブをクリックし、[**ファイル**]タブに切り替える。

② [**ファイル**]タブのメニューより[**名前を付けて保存**]を選択し、クリックする。

③ [**名前を付けて保存**]画面が表示されるので、 参照 （[**参照**]）をクリックする。

④ ダイアログボックス[名前を付けて保存]が表示されるので、保存したい場所を指定する。

⑤ 次に、[**ファイル名(N)**]が「Book1」となっているので、「例題１　成績表」と入力する。

⑥ 保存先、ファイル名の変更ができたら、[**保存(S)**]をクリックする。
なお、ファイル名は特に指定がない場合、ファイルの内容がわかるファイル名を付けることを推奨する。

（1）既存のファイルに保存する場合

既存のファイル内容を更新した場合、上書き保存を行う。[**ファイル**]タブから[**上書き保存**]を選んでクリックする。

なお、「**クイックアクセスツールバー**」にあるフロッピーディスクのアイコンをクリックしても上書き保存が行える。

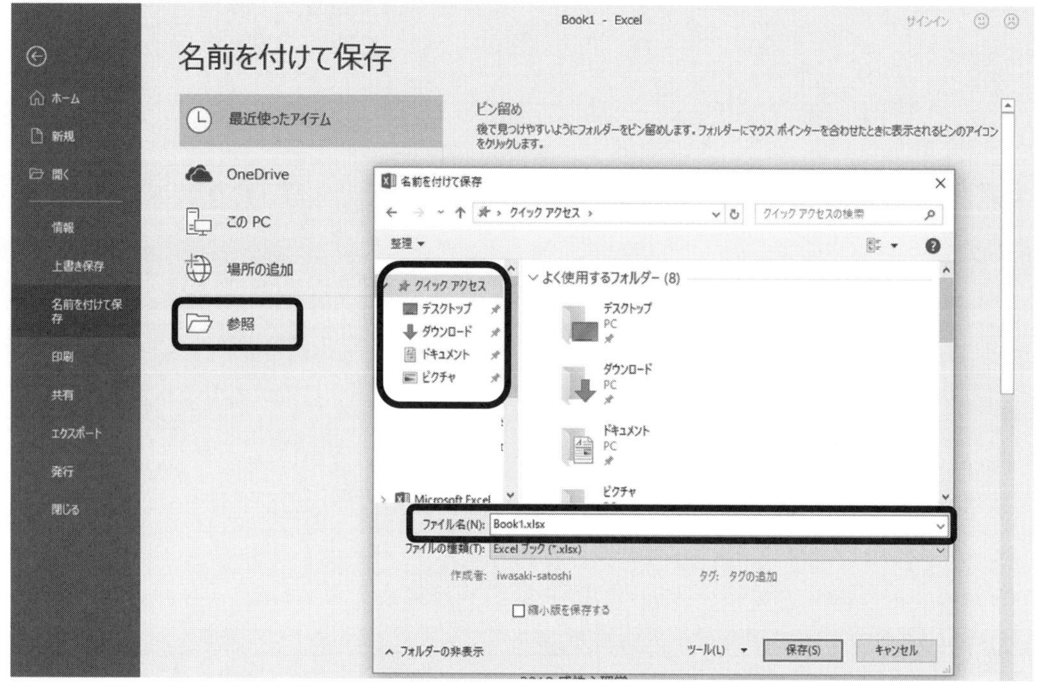

4.2 簡単な計算(四則演算)

Excel では、自分で式を入力し、解を求めることができる。

Excel での計算の特徴として

- 計算を用いて解を求める場合、最初に「=」(イコール) を入力する。
- 利用できる演算記号が、算数／数学で用いる演算記号と異なるものもある。
- 直接数値を用いるだけではなく、セル番号を利用する。

の3点がある。

Excel で利用できる演算記号

演算	算数／数学の演算記号	Excel の演算記号
加算	＋	+ (プラス)
減算	－	- (マイナス)
乗算	×	* (アスタリスク)
除算	÷	/ (スラッシュ)
冪算(べきざん)	X^n	^ (ハット)

例題２　式を利用した簡単な計算

例題１で作成した成績表の４教科の合計と平均を、式を用いて求めなさい。

	A	B	C	D	E	F	G	H
1								
2								
3		国語	数学	理科	社会	合計	平均	
4		59	72	68	93	292	73	
5		84	65	84	84	317	79.25	
6		47	93	90	83	313	78.25	
7		80	66	72	81	299	74.75	
8		48	46	93	60	247	61.75	
9		82	81	68	93	324	81	
10		85	54	82	75	296	74	

手順　合計の算出

① セル「F3」に合計、セル「G3」に平均と入力する。

② 合計を求めるセル「F4」をアクティブにし、「=」（イコール）を入力する。

③ 次に国語の得点が入っているセル「B4」をクリックする（セル「B4」をクリックすると「=B4」となる)。

④ セル「F4」がアクティブな状態で、そのまま今度は「+」と入力する（セル「B4」は「=B4+」となる)。

⑤ 今度は、数学の得点が入っているセル「C4」をクリックする（「=B4+C4」となる)。

⑥ 先ほどと同じようにまた「+」を入力する。

⑦ 理科の得点のセル「D4」をクリックし、また「+」を入力する。

⑧ 社会の得点の入っているセル「E4」をクリックする。

数式バーにも入力内容が表示される

VLOOKUP　=B4+C4+D4+E4

	A	B	C	D	E	F	G
1							
2							
3		国語	数学	理科	社会	合計	平均
4		59	72	68	93	=B4+C4+D4+E4	
5		84	65	84	84		
6		47	93	90	83		
7		80	66	72	81		
8		48	46	93	60		
9		82	81	68	93		
10		85	54	82	75		
11							
12							

「F4」に入力した計算式

⑨ セル「F4」に「=B4+C4+D4+E4」と入力される（この式は、セル番号「B4」、「C4」、「D4」、「E4」に入力されている数値を加算することを表す）。
⑩ 入力した計算式に誤りがないことを確認し、誤りがなければ[Enter]キーを押し、値を求める。計算式に誤りがあれば修正を行ったうえで、[Enter]キーを押し、値を求める。
⑪ 同様にして、残りの合計を求める。

手順　平均の算出

合計得点を科目数で割れば、平均が求まる。

① 平均を求めるセル「G4」をアクティブにし、「=」と入力する。
② 合計得点の入っているセル「F4」をクリックする。
③ 除算記号の /（スラッシュ）を入力する。
④ 科目数である「4」を入力し、[Enter]キーを押す。
⑤ 同様にして、残りの平均を求める。

G4　=F4/4

	A	B	C	D	E	F	G	H
1								
2								
3		国語	数学	理科	社会	合計	平均	
4		59	72	68	93	292	=F4/4	
5		84	65	84	84	317		
6		47	93	90	83	313		
7		80	66	72	81	299		
8		48	46	93	60	247		
9		82	81	68	93	324		
10		85	54	82	75	296		
11								

4.2.1 簡単な関数による計算（SUM関数とAVERAGE関数を用いた合計と平均の算出）

Excelでは、自分で式を作成し計算する以外に、関数を用いて計算を行うこともできる。

例題3　簡単な計算（SUM関数とAVERAGE関数）

関数を利用して、各教科の合計点と平均点を求めなさい。

	A	B	C	D	E	F	G	H
1								
2								
3		国語	数学	理科	社会	合計	平均	
4		59	72	68	93	292	73	
5		84	65	84	84	317	79.25	
6		47	93	90	83	313	78.25	
7		80	66	72	81	299	74.75	
8		48	46	93	60	247	61.75	
9		82	81	68	93	324	81	
10		85	54	82	75	296	74	
11	合計点	485	477	557	569			
12	平均点	69.28571	68.14286	79.57143	81.28571			
13								

手順　合計の求め方

① セル「A11」に合計点、セル「A12」に平均点と入力する。

② 合計を求めるセル「B11」をアクティブにする。

③ ［**ホームタブ**］右側にある Σ▾ のプルダウン（▼）をクリックし、メニューを開く。

④ メニューより［**合計(S)**］を選択し、クリックする。

⑤ セル「B4:B10」が破線で囲まれ、セル「B11」に自動的に「＝SUM(B4:B10)」と入力される。この破線で囲まれた範囲が計算に用いられるセルを示している。データの選択範囲が正しいことを確認し、［Enter］キーを押す。

⑥ 残りも同様にして求める。

手順　平均の求め方

① 平均点を求めるセル「B12」をアクティブにする。

② ［**ホームタブ**］右側にある Σ▾ のプルダウン（▼）をクリックし、メニューを開く。

③ メニューより［**平均(A)**］を選択し、クリックする。

④ セル「B4:B11」が破線で囲まれ、セル「B12」に自動的に「＝AVERAGE（B4:B11)」と入力される。求めたいデータの範囲を確認すると「B4:B11」となっており、先ほど求めた合計が含まれている。そこで、正しいデータ範囲である「B4:B10」をドラッグしなおし、データを修正する。指定範囲の修正は、データ範囲を示す破線が表示されている状態（［**平均(A)**］をクリックした状態）で、改めてデータ範囲をドラッグしなおすと修正される。

⑤ データを修正し、正しいデータを指定できたら、［Enter］キーを押す。

⑥ 残りも同様にして求める。
このとき、データの範囲指定を訂正することを忘れないように注意すること。

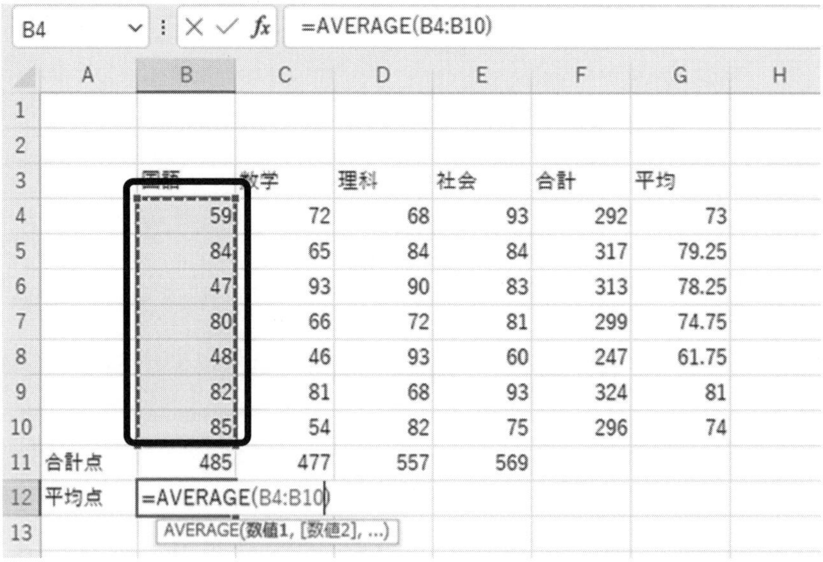

B4 =AVERAGE(B4:B10)

	A	B	C	D	E	F	G	H
1								
2								
3		国語	数学	理科	社会	合計	平均	
4		59	72	68	93	292	73	
5		84	65	84	84	317	79.25	
6		47	93	90	83	313	78.25	
7		80	66	72	81	299	74.75	
8		48	46	93	60	247	61.75	
9		82	81	68	93	324	81	
10		85	54	82	75	296	74	
11	合計点	485	477	557	569			
12	平均点	=AVERAGE(B4:B10)						
13		AVERAGE(数値1, [数値2], ...)						

4.2.2 セルのコピー

例題3では関数を利用して、合計と平均点を算出した。 同じ計算を複数行う場合、コピーを利用する。コピーを利用することによって、作業時間が短縮されるとともにミスも減らせる。

例題4ではMAX関数とMIN関数を利用して、セルのコピーを行う。

例題4　セルのコピーの利用（MAX関数とMIN関数）

セルのコピーを利用して各教科の最大値と最小値を求めなさい。

手順　最大値、最小値の求め方

① 「A13」に最高点、「A14」に最低点と入力する。

② 最高点を求めるセル「B13」をアクティブにする。

③ これまでの関数と同様に、[**ホームタブ**]右側にある Σ▾ のプルダウン（▼）より、メニューを開く。

④ メニューより[**最大値(M)**]を選択し、クリックする。クリックすると自動的に**MAX関数**が挿入される。データ範囲を確認するとセル「B11」（合計）と、セル「B12」（平均）も含まれているので、求めるデータ範囲「B4:B10」をドラッグし、データ範囲を修正する。

⑤ 範囲指定が正しいことを確認し、[Enter]キーを押す。

⑥ 同様に最低点を求める。最低点を求めるセル「B14」をアクティブにする。

⑦ [**ホーム**]タブの Σ▾ をクリックし、[**最小値(I)**]をクリックする。範囲を確認すると「B4:B13」となっているので、これまで同様範囲を修正する。

⑧ 正しいデータの範囲を指定したら、[Enter]キーを押す。

B4 =MAX(B4:B10)

	A	B	C	D	E	F	G	H
1								
2								
3		国語	数学	理科	社会	合計	平均	
4		59	72	68	93	292	73	
5		84	65	84	84	317	79.25	
6		47	93	90	83	313	78.25	
7		80	66	72	81	299	74.75	
8		48	46	93	60	247	61.75	
9		82	81	68	93	324	81	
10		85	54	82	75	296	74	
11	合計点	485	477	557	569			
12	平均点	69.28571	68.14286	79.57143	81.28571			
13	最高点	=MAX(B4:B10)						
14	最低点	MAX(数値1, [数値2], ...)						

MAX 関数と MIN 関数で国語の最高点と最低点を算出した。同様にして数学、理科、社会の最高点と最低点を求めることができるが、ここではコピーを利用して、最高点と最低点を求める。

手順　セルのコピー

① MAX 関数と MIN 関数の入っているセル「**B13:B14**」をコピー元として範囲指定する。

② マウスポインターをセルの右下隅に移動すると、マウスポインターの形が「**＋**」になるので、「**E13:E14**」までドラッグ&ドロップする。

B13 =MAX(B4:B10)

	A	B	C	D	E	F	G	H
1								
2								
3		国語	数学	理科	社会	合計	平均	
4		59	72	68	93	292	73	
5		84	65	84	84	317	79.25	
6		47	93	90	83	313	78.25	
7		80	66	72	81	299	74.75	
8		48	46	93	60	247	61.75	
9		82	81	68	93	324	81	
10		85	54	82	75	296	74	
11	合計点	485	477	557	569			
12	平均点	69.28571	68.14286	79.57143	81.28571			
13	最高点	85						
14	最低点	47						
15								

コピー元のセル「**B13:B14**」には関数が入力されている。今回の場合、コピー元のセルに入っている関数をコピーし、他のセルの最大値と最小値を求めている。コピー元のセルが関数（数式）ではなく値の場合、コピーを利用しても計算は行われず、値を求めることはできないので注意すること。

4.2.3 表の形式の調整

例題3までで、表らしくなってきた。しかしながら、レポートや配布資料として表を用いる場合、表の形式を整える必要がある。

例題5　表の形式の調整

表の形式を調整し、次のような表を作成しなさい。

K22

	A	B	C	D	E	F	G	H
1	一学期の成績表							
2								
3	出席番号	国語	数学	理科	社会	合計	平均	
4	01	59	72	68	93	292	73.0	
5	02	84	65	84	84	317	79.3	
6	03	47	93	90	83	313	78.3	
7	04	80	66	72	81	299	74.8	
8	05	48	46	93	60	247	61.8	
9	06	82	81	68	93	324	81.0	
10	07	85	54	82	75	296	74.0	
11	合計点	485	477	557	569			
12	平均点	69.3	68.1	79.6	81.3			
13	最高点	85	93	93	93			
14	最低点	47	46	68	60			
15								

手順　小数点の表示桁数を小数第一位に揃える

① 平均値を求めたセル「**G4:G10**」を範囲指定する。

② [**ホーム**]タブの［**数値**］グループの右下隅 （**表示形式**）をクリックすると、[**セルの書式設定**]ダイアログボックスが現れる。

③ [**表示形式**]タブの[**分類(C)**]の中の「数値」をクリックする。

④ [**小数点以下の桁数(D)**]のボックス内の0を1に変更する。

⑤ [OK]ボタンをクリックすると、指定範囲内のセルの小数点の表示桁数が小数第一位に変更される。

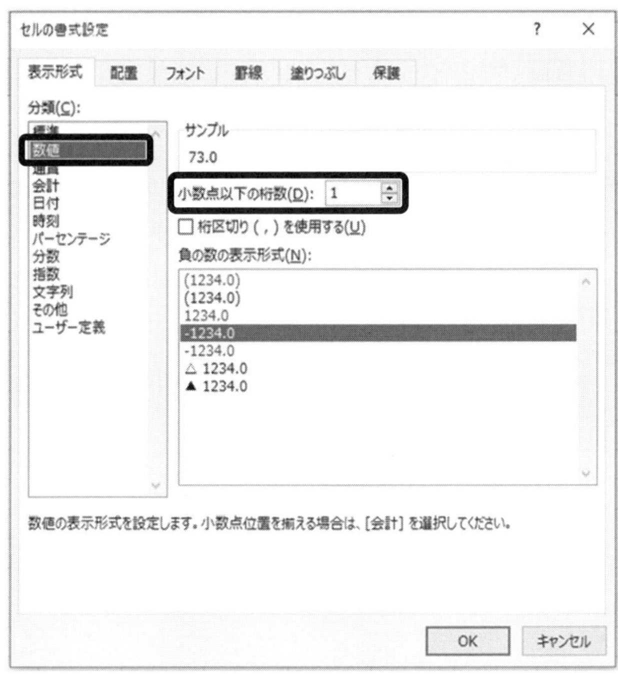

小数点の表示桁数の変更は、[**セルの書式設定**]ダイアログボックス以外にも[**ホーム**]タブからも行える。[**ホーム**]タブから、小数の表示桁数を変更する場合、[**ホーム**]タブの［**数値**］グループにある、[**小数点以下の表示桁数を増やす**]、[**小数点以下の表示桁数を減らす**]をクリックすることで、小数点の表示桁数を直せる。

←.0 .00 をクリックすると小数点の桁数を増やすことができる。

.00 →.0 をクリックすると小数点の桁数を減らすことができる。

（1）数値を文字として入力する

セル「A4:A10」に出席番号「01」～「07」と表示されるようにする。ただし、「0」「1」と入力しても、頭の「0」が省略されてしまう。頭の「0」を表示させる場合、入力されたデータを文字列として認識させる必要がある。このような場合、数字の前にアポストロフィー（'）を入れる。

手順

① セル「A3」に出席番号と入力する。

② セル「A4」をアクティブにし、アポストロフィーを入力する。
アポストロフィーは[Shift]キー＋ ' 7 や のキーを押すことで入力できる。

③「0」「1」と入力する（セル「A4」は「'01」となる）。

④ セル「A4」をアクティブにし、セル右下隅にマウスポインターを移動させる。マウスポインターの形が「＋」になったら、「A10」までドラッグ＆ドロップする（オートフィル）。

※ セルの表示形式を文字列に変更してから、「01」と入力しても構わない。セルの表示形式は、[**ホーム**]タブ、[**数値**]グループ、または[**セルの書式設定**]ダイアログボックスより変更できる。

（2）セルの表示形式を文字列に変更する

手順　文字の表示形式を指定する

① セル「**A4**」をアクティブにする。
② [**ホーム**]タブの[**数値**]グループの[**表示形式 ▼**]をクリックし、文字列に変更する（表示形式が文字列になっていることを確認すること）。
③ セル「**A4**」に「**01**」と入力する。
④ セル「**A4**」をアクティブにし、セル右下隅にマウスポインターを移動させる。
⑤ マウスポインターの形が「＋」になったら、「**A10**」までドラッグし、ドロップする（オートフィル）。

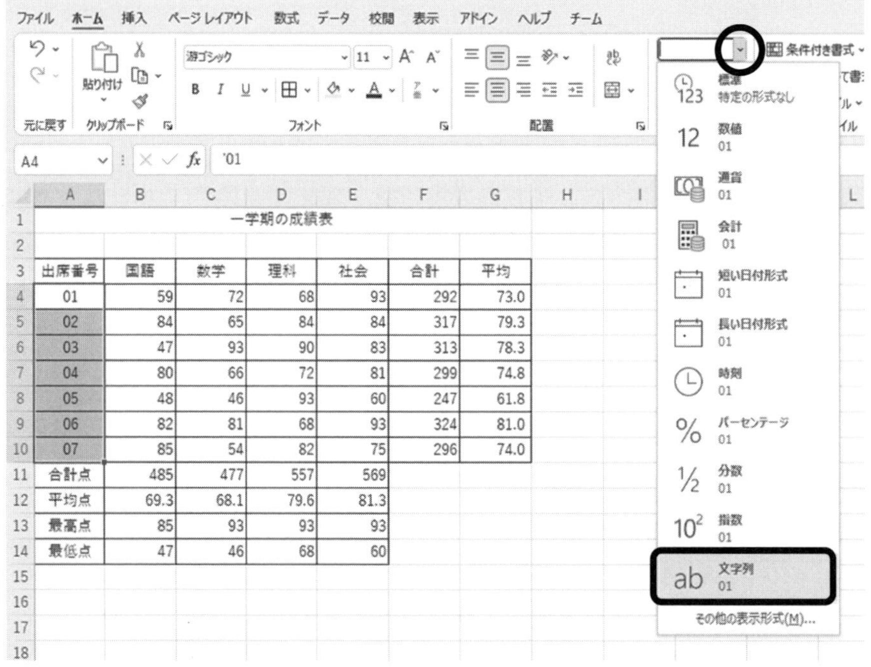

手順　罫線を引く

① セル「**A3:G10**」を範囲指定する。
② [**ホーム**]タブ、[**フォント**]グループ ([**罫線**]) の**プルダウン**をクリックする。
③ メニューが表示されるので、[**格子(A)**]を選択し、クリックする（[**罫線**]の**アイコン** が([**下罫線(O)**])から （[**格子(A)**]）に変更される)。
④ セル「**A11:E14**」を範囲指定し、[**フォント**]グループ （[**格子(A)**]）をクリックする。

※ 罫線を消したい場合、消したい罫線の引かれているセルを指定し、[**罫線**] のメニューから[枠なし(N)]を選択しクリックする。

手順　セルの結合

① セル「A1」に、１学期の成績表と入力する。

② セル「A1:G1」を範囲指定する。

③ ［**ホーム**］タブ、［**配置**］グループの （［**セルを結合して中央揃え**］）をクリックする。

※ セルの結合を解除したい場合、セルの結合を解除したいセルを指定し、再度 をクリックするか、［**セルの結合の解除(U)**］をクリックする。

4.3 相対参照と絶対参照

一部の関数や割合の計算において、他のセルに計算式をコピーし解を求めようとしても、正しい解が得られない。これは、コピーした式のセル番号がコピー先のセル番号に合わせて自動的に移動するためである（**相対参照**）。そのため、計算式が書き換わることになり、正しい解が得られなくなる。計算式が書き換わらないようにするために、参照するセルを固定する必要がある。これを**絶対参照**という。

例題６　割合の計算

次のランチの売上表を作成しなさい。

	A	B	C	D	E	F
1	ランチの売上					
2						
3	商品	単価	売上個数	売上金額	割合（%）	
4	日替わり定食	680	40	27,200	18.8%	
5	カレーライス	580	27	15,660	10.8%	
6	ハンバーグ定食	980	26	25,480	17.6%	
7	焼肉定食	1,080	28	30,240	20.9%	
8	煮魚定食	1,080	23	24,840	17.1%	
9	刺身定食	1,200	18	21,600	14.9%	
10	合計		162	145,020	100.0%	
11						

（１）列幅の調整

文字数が長い場合、セル内に収まらないことがある。フォントのサイズを変えずに文字をセル内に収めたい場合、列幅を広げて対応する。

手順　列幅の調整

① セル「A3」からセル「E3」にそれぞれ商品、単価、売上個数、売上金額、割合（%）と入力する。

② 次に、セル「A4」からセル「A10」に商品名と合計を入力し、セル「B4」からセル「C9」に単価、売上個数を入力する。

③ 列番号「A」と「B」の境界にマウスポインターを移動させる（列を広げたい列番号の終わりにマウスポインターを持っていく）。

④ マウスポインターの形が ↔ となるので、右側へドラッグ&ドロップし列幅を広げる（このとき、グレーの実線が現われるが、このグレーの実線が修正後の列幅となる）。なお、列番号の境界にマウスポインターを合わせ、マウスポインターの形が ↔ の状態でダブルクリックすると、列幅が自動調整される。

⑤ セル「A1」にドリンクメニューの売上と入力する。

⑥ セル「A1:E1」を範囲指定し、セルを結合する。

⑦ セル「A10:B10」を範囲指定し、セルを結合する。

	A	B	C	D	E	F
1						
2						
3	商品	単価	売上個数	売上金額	割合（%）	
4	日替わり定食					
5	カレーライス					
6	ハンバーグ定食					
7	焼肉定食					
8	煮魚定食					
9	刺身定食					
10	合計					
11						

手順　合計の算出

セル「D4」から始まる「合計」は、計算を利用して求める。単価と売上個数を掛け合わせれば、合計が求まる。

① 合計を求めるセル「D4」をアクティブにし、「=」を入力する。

② 次にコーヒーの単価が入っているセル「B4」をクリックする（セル D4 に「=B4」と自動的に入る）。

③ 掛け算のため半角の「*（アスタリスク）」を入力し、売上個数の入っているセル「C4」をクリックする（セル D4 が「=B4*C4」となる）。

④ [Enter]キーを押し、コーヒーの合計を求める。

⑤ セル「D4」をアクティブにし、セルの右下隅にマウスポインターを移動させる。

⑥ マウスポインターの形が「＋」になるので、セル「D9」までドラッグ&ドロップする（セルのコピーを利用して、残った商品の合計を求める）。

⑦ 最後にセル「C10」に販売個数の合計を算出する。

D4 =B4*C4

	A	B	C	D	E	F
1						
2						
3	商品	単価	売上個数	売上金額	割合（%）	
4	日替わり定食	680	40	27200		
5	カレーライス	580	27			
6	ハンバーグ定食	980	26			
7	焼肉定食	1080	28			
8	煮魚定食	1080	23			
9	刺身定食	1200	18			
10	合計					

手順　単価の表示形式を金額の表示形式に修正する

① 単価の入っているセル「B4:B9」を範囲指定する。

② [**ホーム**]タブ[**数値**]グループにあるアイコン　**,**（**桁区切りスタイル**）をクリックする。

③ 同様に、セル「D4:D10」を範囲指定し、**,**（**桁区切りスタイル**）をクリックする。

なお、複数箇所のセル範囲を指定する場合、範囲指定を行った後、[Ctrl]キーを押しながら再度範囲指定を行うことにより、複数箇所の範囲指定を行うことができる。

	A	B	C	D	E	F
1						
2						
3	商品	単価	売上個数	売上金額	割合（%）	
4	日替わり定食	680	4	27200		
5	カレーライス	580	2	15660		
6	ハンバーグ定食	980	2	25480		
7	焼肉定食	1080	2	30240		
8	煮魚定食	1080	2	24840		
9	刺身定食	1200	1	21600		
10	合計			145020		
11						

（2）割合の算出

各商品の割合なので、「**商品の売上金額÷売上の全体合計**」で求めることができる。

日替わり定食の売上に占める割合を求める場合、=D4（日替わり定食の**売上金額**）/D10（全売上）で求めることができる。

他の商品に関しても、コピーを利用して値を求めたいが、コピーしても「＃DIV/0！」と表示され、割合を求めることができない。

	A	B	C	D	E
1					
2					
3	商品	単価	売上個数	売上金額	割合（%）
4	日替わり定食	680	40	27,20	=D4/D10
5	カレーライス	580	27	15,66	=D5/D11
6	ハンバーグ定食	980	26	25,48	=D6/D12
7	焼肉定食	1,080	28	30,24	=D7/D13
8	煮魚定食	1,080	23	24,84	=D8/D14
9	刺身定食	1,200	18	21,60	=D9/D15
10	合計		162	145,02	=D10/D16
11					

セル「E5」の式を見ると、売上の全体合計を求めたセル「D10」が「D11」となっている。セル「E5」以降、セル「D10」が、「D11」、「D12」、「D13」・・・とずれており（相対参照）、セル「E5」以降の数式は、各商品の売上金額を空白のセルで割っていることになる。これは、式のコピーに合わせて、セル番号も自動的に移動しているためである。そのため、正しい解を求めることができない。各商品の売上金額の入ったセルがコピーに合わせて移動するのは便利だが、売上の全体合計を求めたセル「D10」まで移動されると、正しい解が求まらず困ってしまう。そのため、売上の全体合計を求めたセル「D10」が移動しないようにセルを固定する必要がある。このセルを固定することを絶対参照といい、列番号と行番号の頭に$マークを付けて行う。絶対参照は「F4」キーからも行える。実際に、絶対参照を利用して割合を求める。

手順　絶対参照を用いた割合の算出

① セル「E4」をアクティブにし、「=」と入力する。

② 日替わり定食の売上金額の入っているセル「D4」をクリックする。割り算なので半角の「/（スラッシュ）」を入力し、売上の全体合計を求めたセル「D10」をクリックする（セル E4 が「=D4/D10」となる）。

③ キーボード左上にある[F4]キーを押す。[F4]キーを押すと$マークが入り「=D4/$D$10」となる。

④ [Enter]キーを押し、割合を求める。

⑤ セル「E4」をアクティブにし、他の商品の割合もコピーして求める。

VLOOKUP | =D4/$D$10

	A	B	C	D	E
1					
2					
3	商品	単価	売上個数	売上金額	割合（%）
4	日替わり定食	680	40	27,200	=D4/$D$10
5	カレーライス	580	27	15,660	
6	ハンバーグ定食	980	26	25,480	
7	焼肉定食	1,080	28	30,240	
8	煮魚定食	1,080	23	24,840	
9	刺身定食	1,200	18	21,600	
10	合計		162	145,020	
11					

「=D4/D10」で割合を求めたときと異なり、セル「**D10**」の列番号と行番号の頭に**$**マークを付け、セル「**$D$10**」とした。**$**マークの付いた行と列はセル番号が固定される（絶対参照）。そのため、コピーしてもセル「**$D$10**」は移動せず、正しく割合を求めることができる。

ちなみに[**F4**]キーを１回押すと「**$列番号$行番号**」（絶対参照）、２回押すと「**列番号$行番号**」（複合参照：列は相対参照、行は絶対参照）、３回押すと「**$セル番号**」（複合参照：列は絶対参照、行は相対参照）となる。そして、４回押すと「**セル番号**」（相対参照）となり絶対参照が解除される。

相対参照/絶対参照	**セルの表示**	**セルの参照**	**[F4]キー**
絶対参照	$F$3	**列・行ともに固定**	１回
複合参照	F$3	**行のみ固定**	２回
	$F3	**列のみ固定**	３回
相対参照	F3	**コピーに合わせて移動**	４回

手順　パーセント表示

各商品の割合を求めたら、表示をパーセント表示（%）にする。

① セル「**E4:E10**」を範囲指定する。

② [**ホーム**]タブ、[**数値**]グループにある[**パーセントスタイル**（ % ）]をクリックする。

③ 小数点の表示桁数を、小数第一位にする。

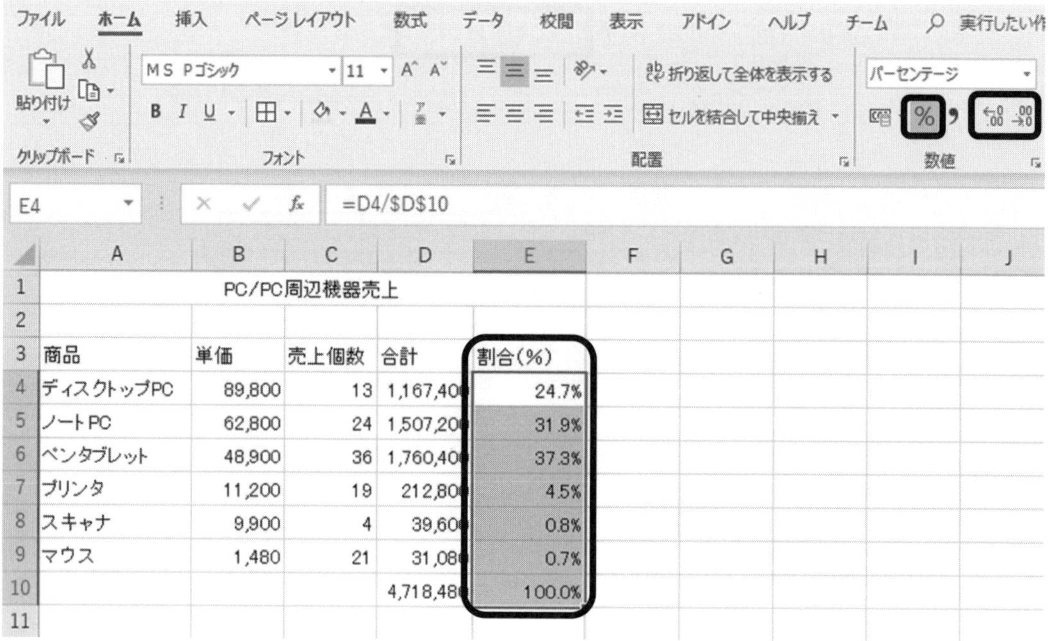

E4　=D4/$D$10

	A	B	C	D	E
1	PC/PC周辺機器売上				
2					
3	商品	単価	売上個数	合計	割合(%)
4	ディスクトップPC	89,800	13	1,167,40	24.7%
5	ノートPC	62,800	24	1,507,20	31.9%
6	ペンタブレット	48,900	36	1,760,40	37.3%
7	プリンタ	11,200	19	212,80	4.5%
8	スキャナ	9,900	4	39,60	0.8%
9	マウス	1,480	21	31,08	0.7%
10				4,718,48	100.0%

4.3.1 文字列の表示

（文字列の縮小表示、折り返し表示、任意の箇所での折り返し（改行）、文字の配置位置指定）

文字数が多くセル内に文字が収まらない場合、列幅を広げたが、その他にも文字列の縮小表示、折り返し表示（任意の箇所での折り返し）が行える。また文字の配置位置も指定できる。

（1）文字列の縮小表示の方法

① ［**ホーム**］タブ、［**配置**］グループ右下にあるアイコン をクリックする。
② ダイアログボックス［**セルの書式設定**］のタブを、［**配置**］タブにする。
③「文字の制御」にある［**縮小して全体を表示する（K）**］にチェックを入れる。
④ ［**OK**］ボタンをクリックする。

（2）折り返して全体を表示する方法

セル内で折り返して全体を表示する方法として、［**セルの書式設定**］ダイアログボックスの［**配置**］タブにある、［**折り返して全体を表示する（W）**］にチェックを入れる方法がある。

また、［**ホーム**］タブ、［**配置**］グループにある （［**折り返して全体を表示する**］）をクリックしても、同様にセル内で文字列が折り返される。

（3）任意の箇所での折り返し（改行）の方法

［**折り返して全体を表示する**］を利用した場合、列幅に応じて自動で折り返される。ただし、

任意の箇所で折り返したいことが多々ある。そのような場合、文字入力の際、折り返したい箇所で[Alt]キー＋[Enter]キーを押すことによって任意の箇所で折り返すことができる。

（4）文字の縦書きの方法

文字列を縦書きにしたい場合、[**セルの書式設定**]ダイアログボックスの[**配置**]タブより変更できる。縦書きにする場合、[**配置**]タブの[**方向**]から、文字列と縦書きに書かれているアイコンをクリックすると縦書きになる。

また、[**ホーム**]タブ、[**配置**]グループにある （「**方向**」）をクリックし、縦書きを指定することでも縦書きに変更できる。なお、横書き、縦書き以外（斜め）にも変更が可能である。

左回りに回転(O)
右回りに回転(L)
縦書き(V)
左へ 90 度回転(U)
右へ 90 度回転(D)
セルの配置の設定(M)

4.3.2 フォントの加工

基本的に Word と同様の操作で、Excel においてもフォントの種類やサイズを変更することができる。また、文字飾り（上付き文字や下付き文字）の表示も可能であるが、Word と異なりリボン中に含まれていないため、[**セルの書式設定**]ダイアログボックスから行う必要がある。

（1）[フォント]の操作確認

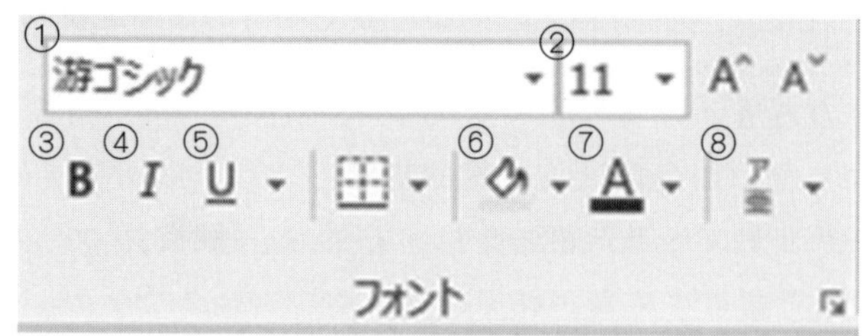

① **フォント**：今、使っているフォントの種類が表示されている。プルダウンをクリックし、メニューよりフォントの種類の変更が行える。

② **フォントサイズ**：今、使っているフォントのサイズが表示されている。プルダウンをクリックし、メニューよりフォントのサイズの変更が行える。

③ **太字**： B をクリックすると、文字を太字に変更できる。

④ **斜体**： I をクリックすると、文字を斜体に変更できる。

⑤ **下線**： U ▾ プルダウンより、下線か二重下線かを選択し、下線を引くことができる。

⑥ **塗りつぶしの色**：セルに背景色を付ける。メニューより任意の背景色を選ぶことができる。

⑦ **フォントの色**：フォントの色を変更できる。メニューより、任意の色を選ぶことができる。

⑧ **ふりがなの表示/非表示**：文字にふりがなをふることができる。また、メニューより、ふりがなの設定、編集が行える。

（2）上付き文字・下付き文字への変更

① [**ホーム**]タブ、[**フォント**]グループ右下にあるアイコン （フォントの設定）をクリックする。

② [**セルの書式設定**]ダイアログボックスのタブを、[**フォント**]タブにする。

③「**文字飾り**」にある[**上付き(E)**]（もしくは[**下付き(B)**]）にチェックを付ける。なお、チェックをはずせば、文字飾りを解除することができる。

④ [OK]ボタンをクリックする。

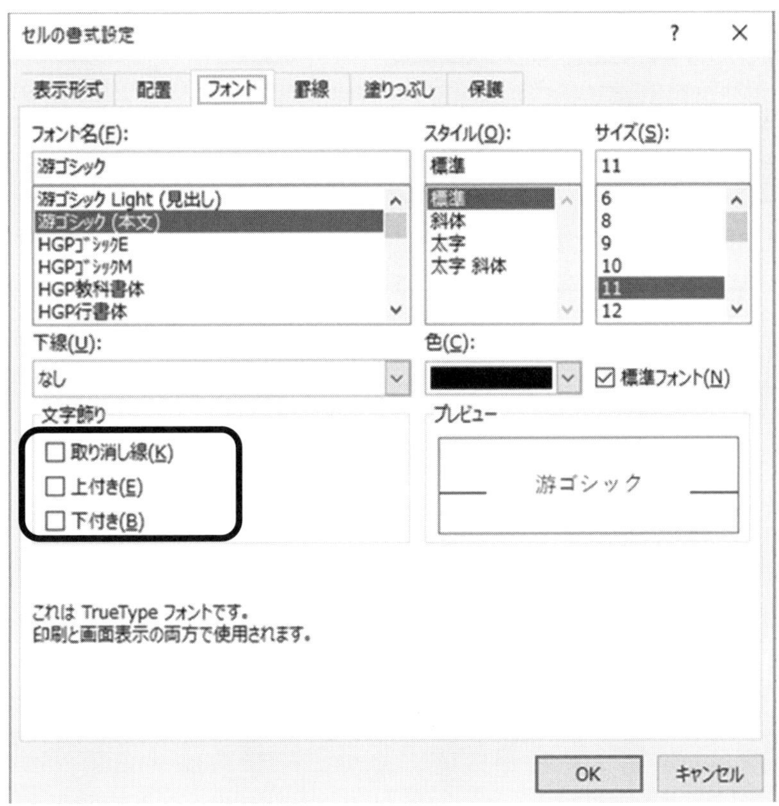

4.4 グラフについて

Excel ではグラフ作成も行える。グラフには、棒グラフ、折れ線グラフ、円グラフなどさまざまな種類があり、それぞれ特徴がある。

・**棒グラフ**

データの大小を比較するのに適する。

・**折れ線グラフ**

棒グラフと同様にデータの量を比較する場合に用いるが、折れ線グラフの場合、おもに時系列的な変化を示す場合に用いる。

・**円グラフ**

各カテゴリーが全体に占める割合を示すのに適する。

4.4.1 棒グラフの作成とグラフの編集

例題7　グラフ作成

各クラスの五教科の成績表とグラフを作成しなさい。

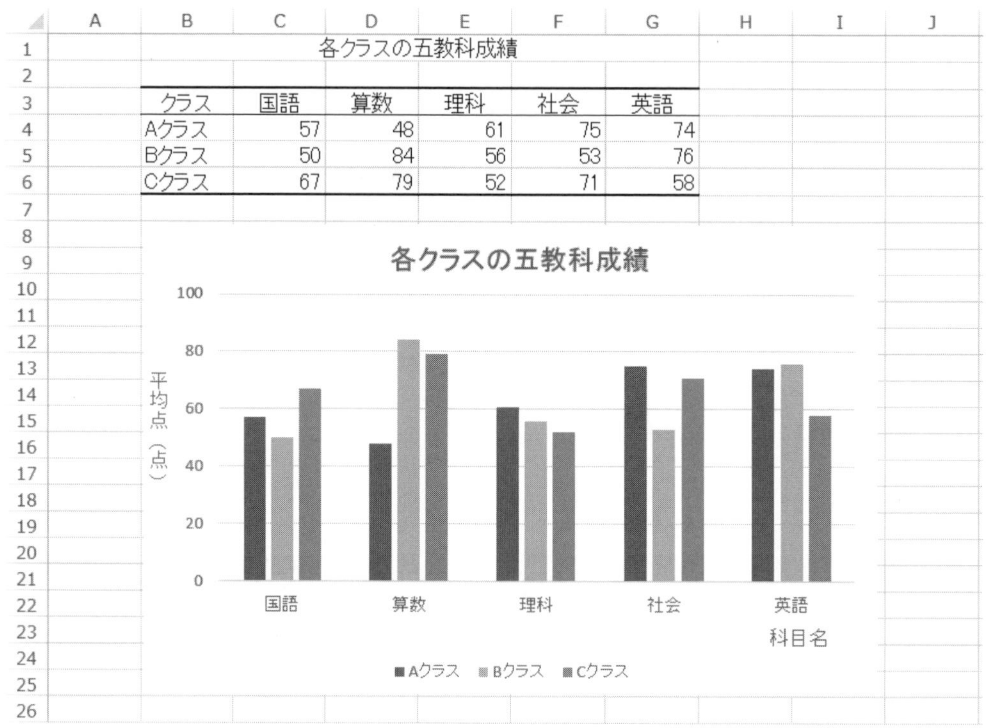

各クラスの五教科成績

クラス	国語	算数	理科	社会	英語
Aクラス	57	48	61	75	74
Bクラス	50	84	56	53	76
Cクラス	67	79	52	71	58

■グラフ各部の名称

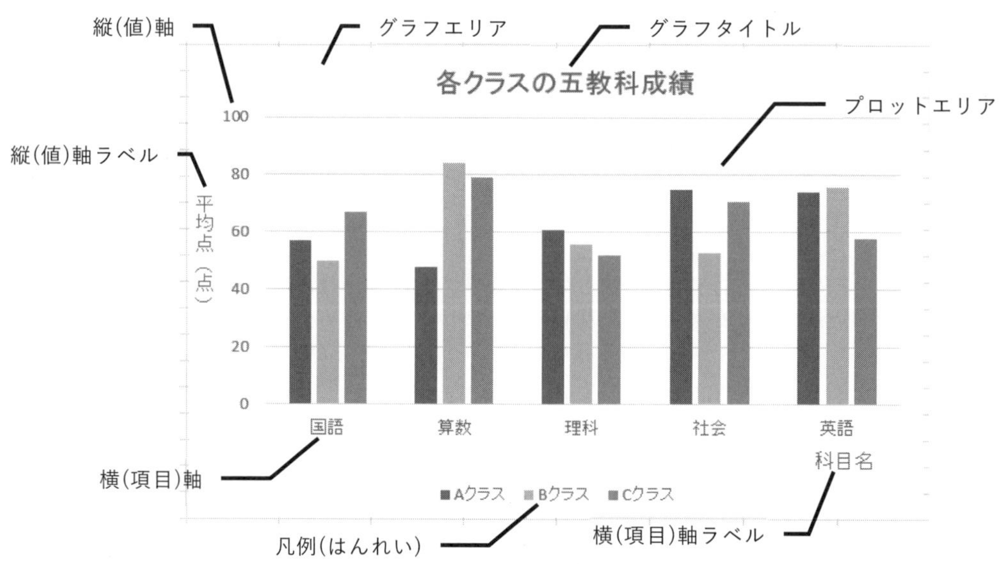

手順　棒グラフ作成

ここでは、[**おすすめグラフ**]を用いずに、グラフの種類を指定して棒グラフを作成する。

① 各クラスの五教科成績表を作成する。

② 「クラス名」と「科目名」は軸ラベルになるため、データ範囲に含める。そのため、セル「**B3:G6**」を範囲指定する。

③ [**挿入**]タブ、[**グラフ**]グループの[**縦棒/横棒グラフの挿入**]をクリックし、メニューを表示する。

④ 2-D 縦棒の中の[**集合縦棒**]を選びクリックする。クリックすると、基となるグラフがシートに表示される。

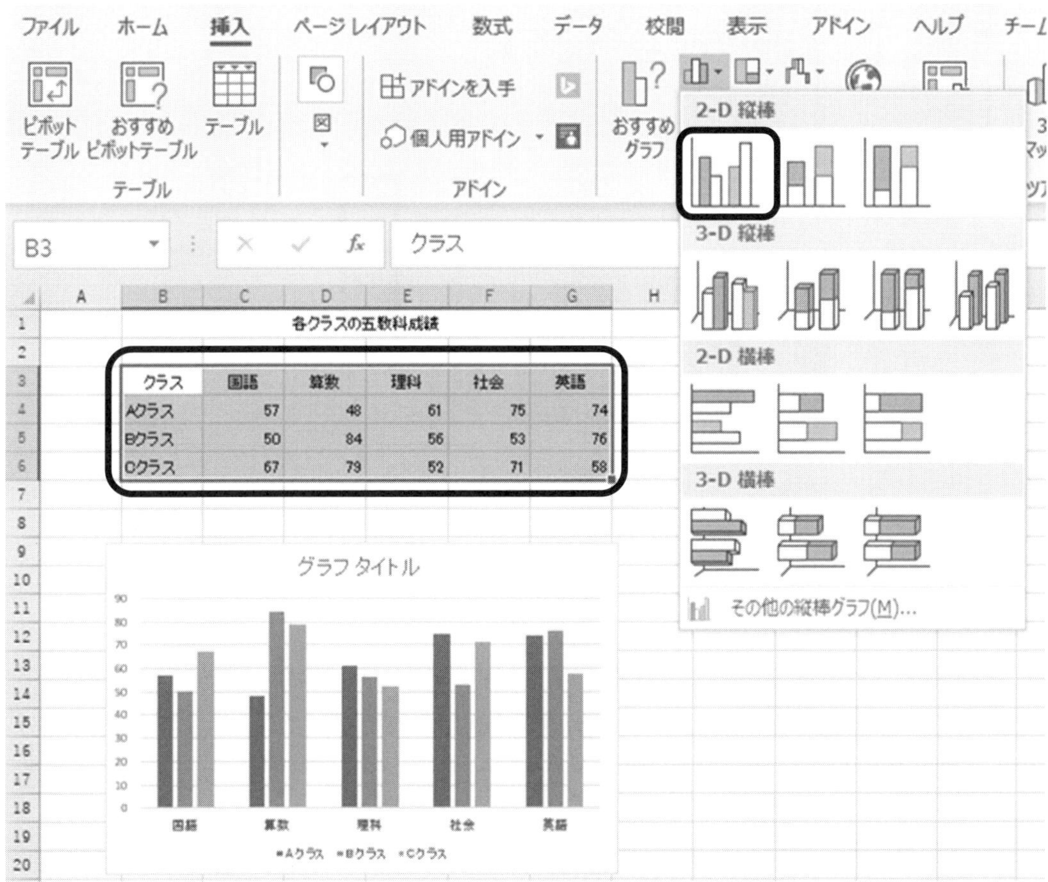

基となるグラフが作成されたが、グラフのタイトルや軸の説明（[軸ラベル]）がないため、適切なグラフと言えない。そのため、このグラフに「**グラフタイトル**」、「**軸ラベル**」、の要素を加え、適切なグラフに修正していく。また、「**目盛間隔**」はグラフの大きさなどにより自動に変更されてしまうため、グラフの目盛間隔も設定しておく。

グラフの編集は[**グラフデザイン**]タブと[**書式**]タブを用いる。[**グラフデザイン**]タブと[**書式**]タブは、グラフをアクティブにしていないと出現しないので注意すること。

手順　軸ラベルの挿入とグラフタイトルの入力

① グラフをアクティブにし、[**グラフデザイン**]タブを呼び出す。

② [**グラフデザイン**]タブ、[**グラフのレイアウト**]グループにある[**グラフ要素を追加**]をクリックし、メニューを表示する。

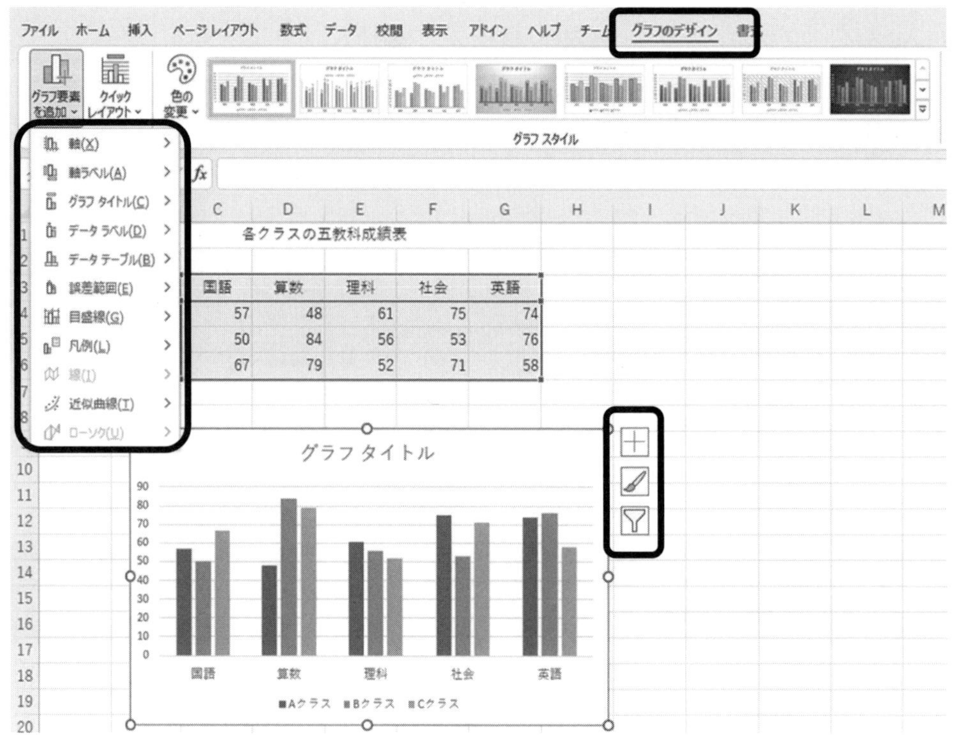

③ [**グラフ要素を追加**]メニューより、[**軸ラベル(A)**]にマウスポインターを合わせる。

④ 軸ラベルのメニューが表示されるので、[**第1横軸(H)**] をクリックする。

⑤ 続いて、同様の手順で軸ラベルのメニューを呼び出し、[**第1縦軸(V)**]をクリックする。

⑥ グラフに[**横(項目)軸ラベル**]と[**縦(値)軸ラベル**]が挿入されるので、横(項目)軸ラベルに「**科目名**」、縦(値)軸ラベルに「**平均点(点)**」と入力し、書き直す。このとき、縦(値)軸ラベルには単位も記入しておく。

⑦ [**縦(値)軸ラベル**] に入力した「**平均点(点)**」が横書きのままなので、縦書きに変更する必要がある。そのため、[**グラフデザイン**]タブを[**書式**]タブに切り替える。

⑧ [**現在の選択範囲**]グループにある、グラフ要素のボックスをプルダウンより[**縦(値)軸ラベル**]に変更する。

⑨ [**現在の選択範囲**]グループにある、[**選択対象の書式設定**]をクリックし、作業ウィンドウを呼び出す。

⑩ [**軸ラベルの書式設定**]作業ウィンドウにある「**文字のオプション**」をクリックし、表示内容を切り替える。

⑪「**文字のオプション**」に表示内容を切り替えたら （テキストボックス）をクリックする。

⑫［**文字列の方向(X)**］のボックスをプルダウンメニューから「**縦書き（半角文字を含む）**」に変更し、クリックする。

⑬ グラフ内の［**グラフタイトル**］をクリックし、書かれている「グラフタイトル」を「各クラスの五教科成績表」に書き直す。

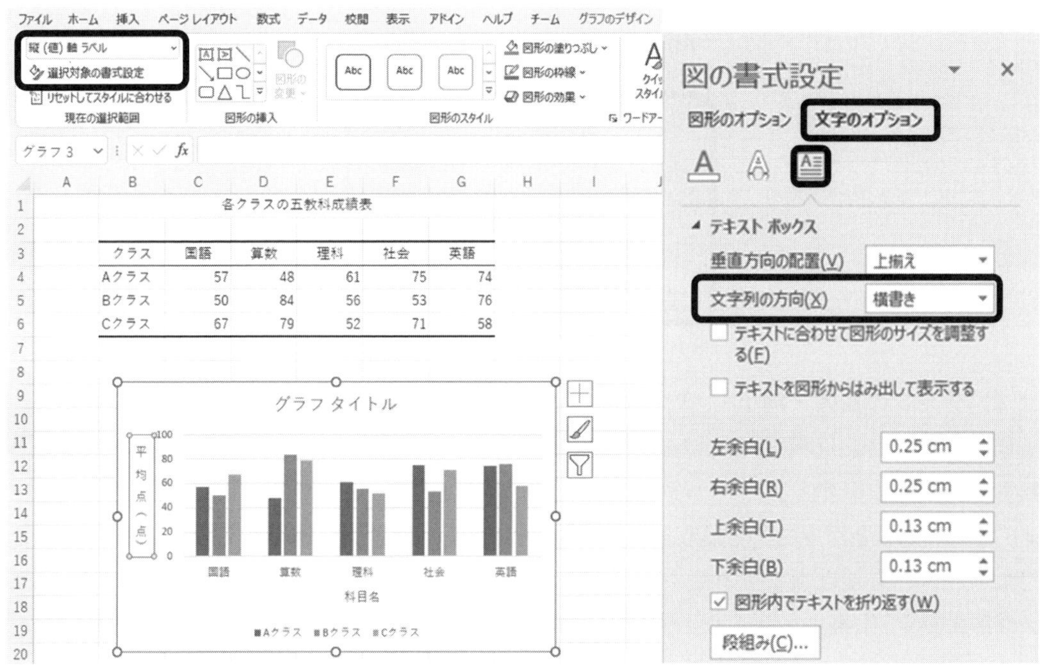

※ レポート、卒業論文などで多数のグラフを用いる場合、グラフタイトルにグラフ番号が必要となる。そのため、グラフ作成時にグラフタイトルを付けず、文書作成ソフトにグラフを掲載する際にグラフ番号とともにグラフタイトルを書くこともある。

※ 学問領域によって、グラフタイトルの位置や目盛線の有無が異なる。特にレポートや書類作成時には注意が必要となる。

手順　縦軸の目盛の設定

①［**書式**］タブにある［**現在の選択範囲**］グループのグラフ要素のボックスを、プルダウンより［**縦（値）軸**］に変更する。

②［**現在の選択範囲**］グループにある、［**選択対象の書式設定**］をクリックし、作業ウィンドウを呼び出す。

③［**軸の書式設定**］作業ウィンドウの「**軸のオプション**」にある「**境界値**」の「**最小値(N)**」ボックスの数値を 0.0 に、「**最大値(X)**」**ボックス**の数値を 100.0 に書き直す。

④ 続いて、「単位」の「**主(J)ボックス**」の数値を 20.0 に、「**補助(I)ボックス**」の数値を 4.0 に書き直す。最小値、最大値、主目盛線、補助目盛線の数値を書き直すことにより、書き直した値で各項目の値が固定される。

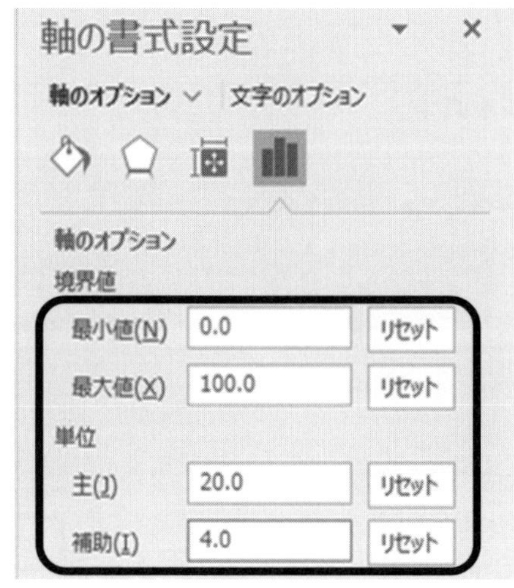

（1）グラフの拡大・縮小

作成したグラフはグラフ上でクリックし、グラフの四隅、四辺にマウスポインターを移動させるとマウスポインターが双方向矢印（ ⇔ 、⇖⇘ ）になる。この状態でドラッグ&ドロップするとグラフの拡大、縮小が行える。ただし、拡大、縮小を行うと縦横比が変わるため注意が必要となる。グラフの縦横比を変えずに拡大、縮小を行う場合、[**グラフ エリアの書式設定**]作業ウィンドウの　（[**サイズとプロパティ**]）にある[**縦横比を固定する(A)**]にチェックを入れることにより、縦横比を固定することができる。また、グラフの拡大・縮小は[**グラフ エリアの書式設定**]作業ウィンドウの　（[**サイズとプロパティ**]）にある、[**高さ(E)**]と[**幅(D)**]に値を入力するか、[**高さの倍率(H)**]、[**幅の倍率(W)**]に倍率を指定することでも行うことができる。

（2）グラフの枠線を消す

[**グラフエリアの書式設定**]にある （[**塗りつぶしと線**]）の「**枠線**」より、グラフの枠線を「**線なし(N)**」に変更することができる。

4.4.2 円グラフの作成とグラフの編集

例題 8　円グラフ作成

喫茶店の売上の表とグラフを作成しなさい。

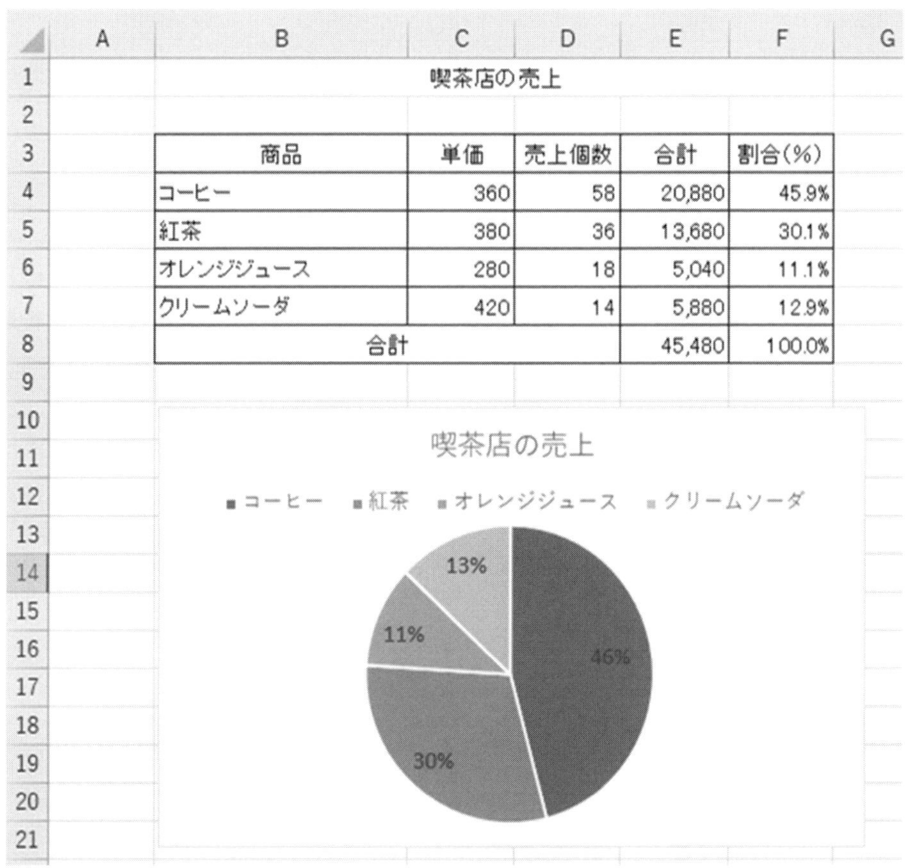

喫茶店の売上

商品	単価	売上個数	合計	割合(%)
コーヒー	360	58	20,880	45.9%
紅茶	380	36	13,680	30.1%
オレンジジュース	280	18	5,040	11.1%
クリームソーダ	420	14	5,880	12.9%
合計			45,480	100.0%

手順　円グラフ作成

① 喫茶店の売上の表を作成する。このとき、「割合（%）」は絶対参照を利用して求める。

② 円グラフのラベルになるセル「B4:B7」を範囲指定する。

③ そのままの状態で［Ctrl］キーを押しながら、セル「F4:F7」を範囲指定する。

④ ［**挿入**］タブ、［**グラフ**］グループの［円または**ドーナツグラフの挿入**］をクリックし、メニューを表示する。

⑤ 2-D 円の中の[**円**]を選びクリックする。クリックすると、基となるグラフがシートに表示される。

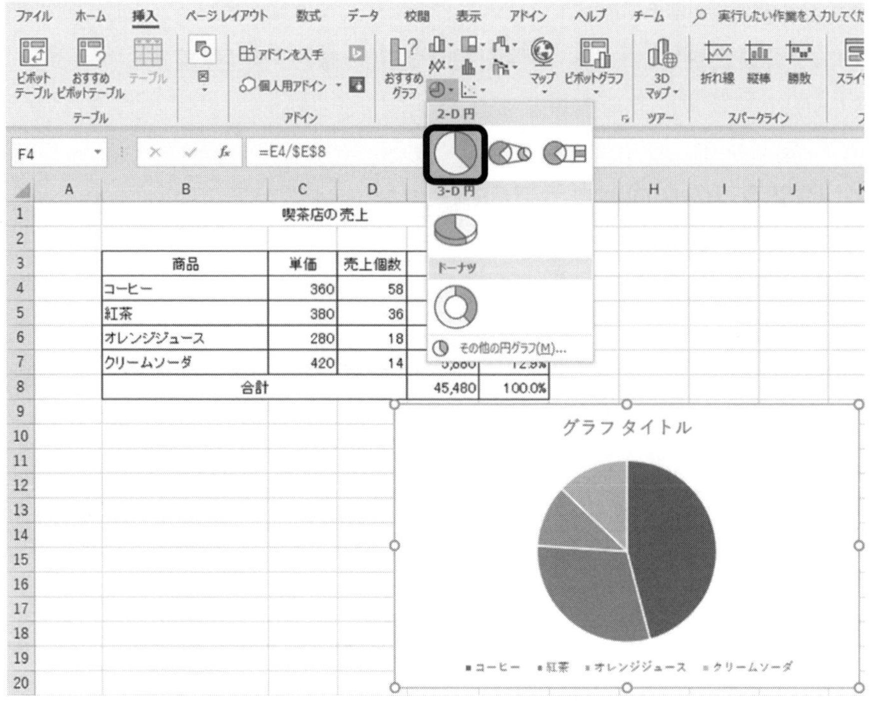

⑥ グラフをアクティブにし、[**デザイン**]タブにする。

⑦ [**グラフのレイアウト**] グループの[**クイックレイアウト**]をクリックし、メニューを表示する。

⑧ メニューから「**レイアウト２**」を選び、クリックするとグラフレイアウトが変更される。

⑨ グラフ内の[**グラフタイトル**]をクリックし、「喫茶店の売上」に書き直す。

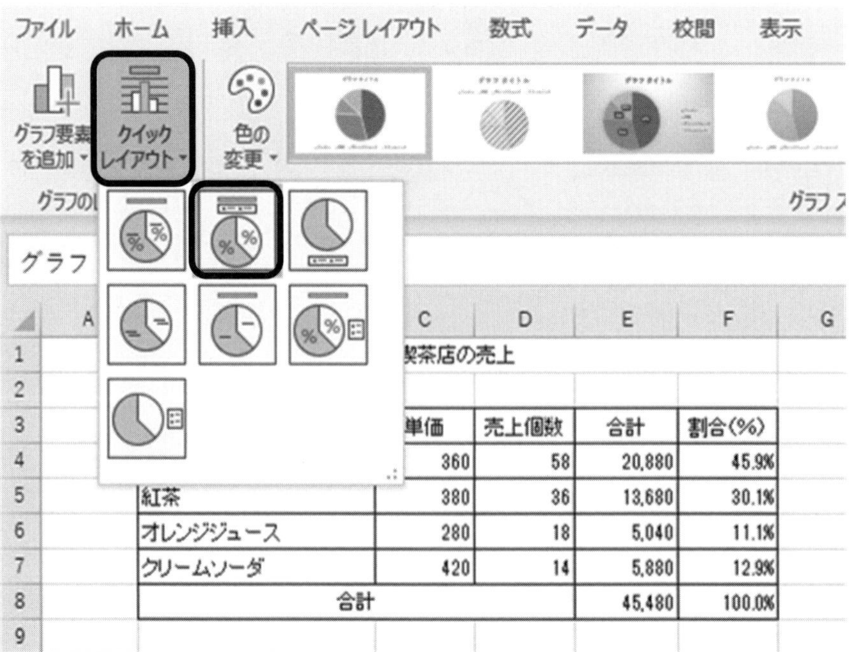

4.4.3 Excel で作成したグラフを Word に貼り付ける

レポート作成などでは、作成した表やグラフを Word に貼って提出を求められることが多々ある。ここでは作成したグラフを Word に貼り付ける方法を練習する。

例題 9　作成した表とグラフの貼り付け

例題 7 で作成した各クラスの五教科成績を Word に貼り付けなさい。

手順　表の Word への貼り付け

① Word を起動し、各クラスの五教科成績と入力する。
② 各クラスの五教科成績の表とグラフを作成した Excel ファイルを開く。
③ 各クラスの五教科成績表（セル「**B3:G6**」）を範囲指定し、コピーする。
④ 画面を、先ほど各クラスの五教科成績と入力した Word ファイルに切り変える。
⑤ 貼り付け先（3 行目）を指定しておく。
⑥ ［**ホーム**］タブ、［**クリップボード**］グループの［**貼り付け**］の▼をクリックし、［**貼り付けオプション**］から［**図(U)**］を選択してクリックする。

※ 貼り付けた際、Excel の罫線（グレーの線）が残る場合がある。この罫線を隠したい場合、元となる Excel ファイルを調整しておく必要がある（罫線を非表示にする、背景を白く塗るなど）。

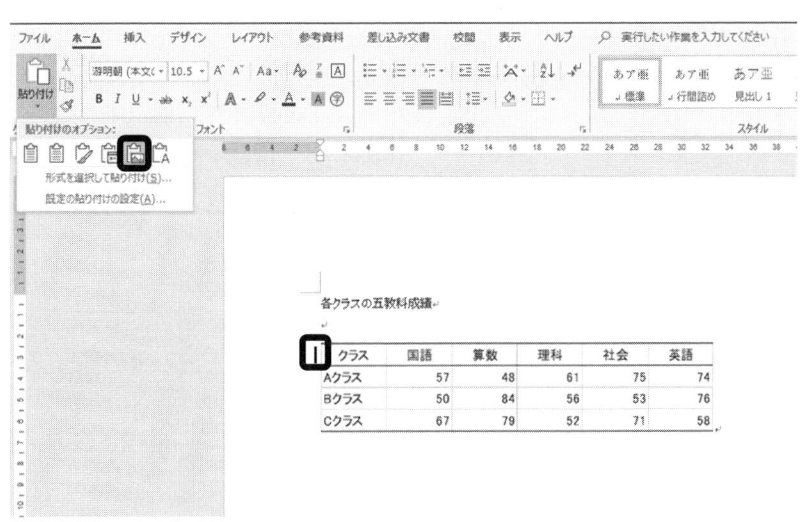

クラス	国語	算数	理科	社会	英語
Aクラス	57	48	61	75	74
Bクラス	50	84	56	53	76
Cクラス	67	79	52	71	58

手順　グラフの Word への貼り付け

① 各クラスの五教科成績の表とグラフを作成した Excel ファイルを開き、グラフをコピーする。

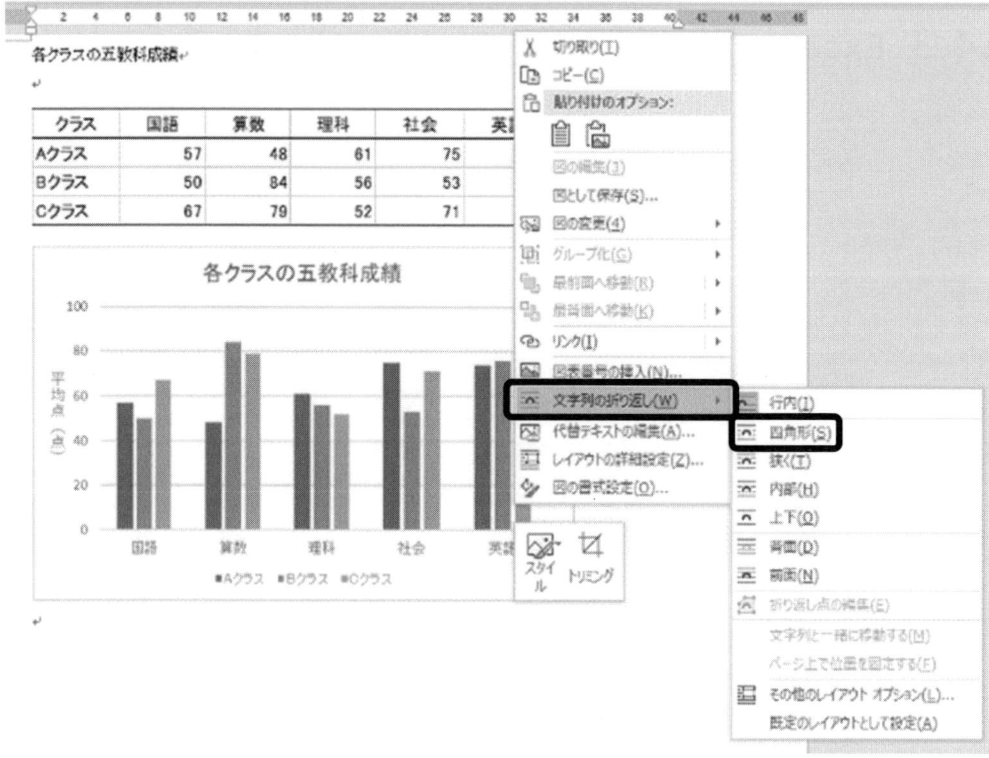

② 表の貼り付けと同様に、[**クリップボード**]グループの[**貼り付け**]の▼をクリックし、[**貼り付けオプション**] の [**図(U)**] を選択してクリックする。

③ 貼り付けたグラフの上で右クリックする。

④ [**文字列の折り返し(W)**]にマウスポインターを合わせ、[**四角形(S)**]を選択しクリックする。

⑤ 同様に貼り付けた表の上で右クリックし、[**文字列の折り返し(W)**]を[**四角形(S)**]に変更する。

⑥ 図表の位置、大きさを調整する。

4.5 並び替えと条件付き並び替え

Excelでは、データ（文字列含む）を降順（大から小へ）、昇順（小から大へ）に並べ替えられる。データ並び替えの際、複数の条件を設定し並び替えることもできる。また[**並び替え**]の[**オプション**]より、列による並び替えも行える。

例題10　並び替え

次の100m走の成績をtimeが早かった順に並べなさい。

	A	B	C	D	E
1					
2		レーン	氏名	time	
3		01	山田	11.46	
4		02	佐藤	11.16	
5		03	鈴木	11.06	
6		04	石井	10.98	
7		05	田中	12.76	
8		06	渡辺	12.94	
9		07	斎藤	10.29	
10					

手順　1つのデータ範囲からの並び替え

① ラベル「time」の入ったセル「D2」をアクティブにする。

② [**データ**]タブ、[**並び替えとフィルター**]グループの中にある、A↓Z（昇順）をクリックすると昇順に並び替わる。降順に並び替えたい場合、Z↓A（降順）をクリックすると降順に並び替えることができる。

なお、すぐに元の並び順に戻せるように、データには通し番号を振っておくと便利である。

例題 11　条件付き並び替え

次の商品満足度調査の満足度を降順、価格を昇順に並び替えなさい。

	A	B	C	D	E	F	G
1	商品満足度調査						
2							
3	商品	価格（円）	使いやすさ	機能性	デザイン性	満足度	
4	01	7800	4	4	3	4	
5	02	5400	5	3	3	5	
6	03	8800	2	2	4	2	
7	04	7800	3	4	3	3	
8	05	8700	4	4	3	4	
9	06	5400	2	5	5	4	
10	07	7800	3	4	4	3	
11	08	8000	3	3	3	2	
12	09	8800	5	5	4	5	
13	10	6800	3	2	5	2	

手順　条件付き並び替え

① 並び替えを行うデータ（「A3:F13」）のセルをアクティブにする（データの範囲内ならどのセルでもよい）。

② ［**データ**］タブ、［**並べ替えとフィルター**］グループにある、［**並べ替え**］ をクリックする。
③ ［**並べ替え**］ダイアログボックスが現われるので、［**最優先されるキー**］を「**満足度**」にし、順序を「**小さい順**」にする。
④ レベルの追加をクリックすると、［**次に優先されるキー**］が追加される。
⑤ 次に優先されるキーを「**価格（円）**」にし、順序を「**昇順**」にする。
⑥ ［**OK**］ボタンを押す。

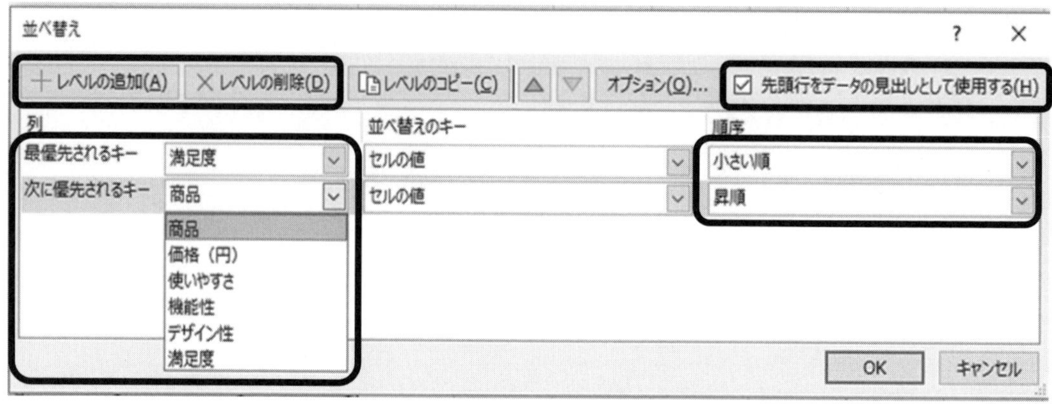

なお、［**先頭行をデータの見出しとして使用する(H)**］にチェックが付いていないとラベルではなく、セル番号が表示される。また、［**オプション(O)...**］から、列単位の並び替えに設定変更が可能である。

4.6 フィルター

並べ替えは、データそのものの並び順を並び替えたが、任意のデータのみを抽出する場合は、**フィルター**を使うと便利である。

例題 12　フィルターを用いたデータの抽出

例題 11 で用いた商品満足度調査の満足度が「5」のもののみを表示しなさい。

手順　フィルターを用いたデータの抽出

① フィルターを行うデータ（「A3:F13」）のセルをアクティブにする（データの範囲内ならどのセルでもよい）。
② ［**データ**］タブ、［**並べ替えとフィルター**］グループにある、［**フィルター**］（　）をクリックする。
③ データラベル（「A3:F3」）にプルダウン（　）が付く。

④「**満足度**」のプルダウンをクリックする。

⑤［**テキストフィルター(F)**］の「**(すべて選択)**」のチェックをはずし、数値５にチェックを付ける。

⑥［**OK**］ボタンを押すと満足度５の商品のみ表示される。

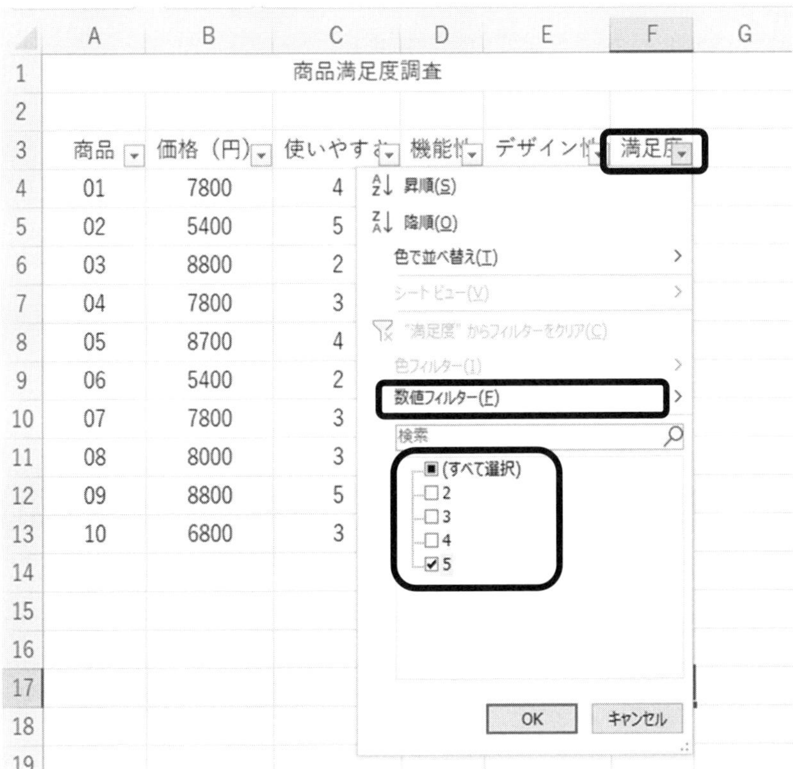

Excel の表示が、満足度評定値「５」のデータのみになるが、再度すべての項目にチェックを入れることで全データを表示することができる（[**並べ替えとフィルター**]にあるクリア（クリア）をクリックしても、フィルター設定はクリアされる）。

なお、フィルター設定は、複数の項目に対しても行うことができる。また、[**数値フィルター(F)**]を利用すれば、平均値以上、平均値以下、ある範囲の値といった指定が行えるため、用途に応じたデータの抽出が行える。

4.7 条件付き書式

条件付き書式は、[**並べ替え**]や[**フィルター**]と異なり、指定した条件にあったデータのみ、視覚的に強調される。そのため、元データのまま、データの特徴や傾向を見るのに便利である。

例題 13　条件付き書式による書式設定

次の表を作成し、国語と数学で 80 点以上のものを、強調表示（濃い赤の文字、明るい赤の背景）にしなさい。

	A	B	C	D	E
1					
2		出席番号	国語	数学	
3		01	59	72	
4		02	84	65	
5		03	47	93	
6		04	80	66	
7		05	48	46	
8		06	82	81	
9		07	85	54	
10		08	78	70	
11		09	74	60	
12		10	81	56	
13					

手順　条件付き書式を用いたデータの強調

① 強調表示にするデータ範囲（「C3:D12」）をアクティブにする。
② [**ホーム**]タブ、[**スタイル**]グループにある、[**条件付き書式**]をクリックする。
③ メニューが表示されるので、[**セルの強調表示ルール(H)**]にマウスポインターを合わせ、さらにメニューを表示する。
④ [**指定の値より大きい(G)...**]をクリックする。
⑤ [**指定の値より大きい**]ダイアログボックスが表示されるので、ボックス内の数字「66.5」を「80」に変更する。
⑥ [OK]ボタンを押す。

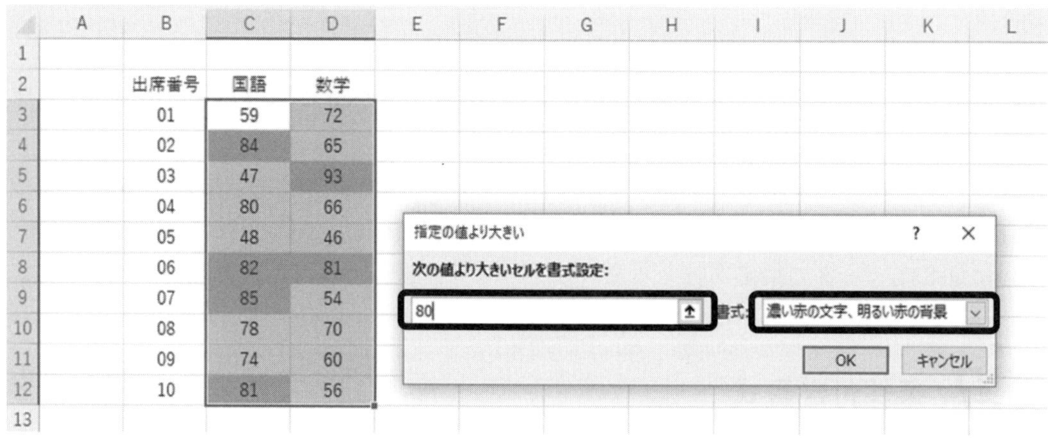

[**条件付き書式**]の設定をクリアしたい場合、[**条件付き書式**]にある[**ルールのクリア(C)**]より行える。[**ルールのクリア(C)**]は、[**選択したセルからルールをクリア(S)**]、[**シート全体からルールをクリア(E)**]の 2 通りがあるが、用途に応じて用いればよい。

4.8 その他の関数

例題で合計を求める SUM 関数、平均を求める AVERAGE 関数、最大値を求める MAX 関数、最小値を求める MIN 関数を扱ったが、Excel には他にも多くの関数がある。

レポート作成において、標本の標準偏差を求める STDEV.S 関数、母集団の標準偏差を求める STDEV.P 関数、指定範囲内の検索条件に合致したデータの個数を数える COUNTIF 関数、順位を求める RANK.EQ 関数などは知っておくと便利な関数である。その他にも IF 関数や VLOOKUP 関数など、表作成や事務処理に便利な関数がある。

例題 14　RANK.EQ 関数（**RANK 関数**）で順位を求める。

例題 13 で用いた成績表を利用し、成績の良い順に順位を求めなさい。

	A	B	C	D	E	F
1						
2		出席番号	国語	数学	合計	順位
3		01	59	72	131	9
4		02	84	65	149	2
5		03	47	93	140	5
6		04	80	66	146	4
7		05	48	46	94	10
8		06	82	81	163	1
9		07	85	54	139	6
10		08	78	70	148	3
11		09	74	60	134	8
12		10	81	56	137	7
13						

手順　RANK.EQ 関数を用いて順位を求める。

① 「**国語**」と「**数学**」の合計を求める。

② 順位を求めるセル「F3」をアクティブにする。

③ ［**ホーム**］タブ、［**編集**］グループの［**Σオート**SUM］のプルダウンをクリックし、メニューから、［**その他の関数**(F)...］を選択してクリックする。

④ ダイアログボックス［**関数の挿入**］が出現するので、［**関数の検索**(S)］に「順位」と入力し、［**検索開始**(G)］ボタンを押す。なお、数式バーの横にある *fx* （関数の挿入）からもダイアログボックス［**関数の挿入**］を呼び出せる。

⑤ ［**関数名**(N)］に検索結果に該当する関数が表示されるので、その中から［RANK.EQ］を探しクリックする。

⑥ RANK.EQ 関数のダイアログボックス［**関数の引数**］が出現する。なお、ダイアログボックス［**関数の引数**］は、関数によってデータ入力の仕方が異なる。

⑦ 「**数値**」に 1 人目の得点の入っているセル「E3」を選択し、投入する。

⑧「**参照**」に得点データの範囲「**E3:E12**」を選択し、投入する。このとき、セルの範囲指定を固定するために[**F4**]キーを押し、データ範囲を絶対参照にしておく。

⑨「**順序**」に「0」と入力する。なお、RANK.EQ 関数で「0」は降順指定、それ以外の数値は昇順指定となる。

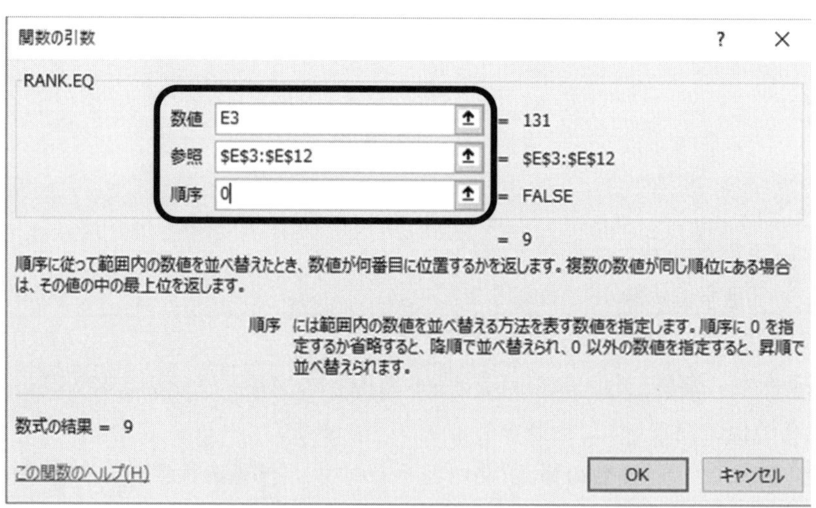

⑩ [**OK**]ボタンを押すと降順で順位が求まる。

⑪ セルのコピーを利用し、残りの順位も求める。

例題 15　COUNTIF 関数で人数を求める。

例題 14 で作成した成績表に性別を追加し、男女それぞれの人数を求めなさい。

	A	B	C	D	E	F	G	H	I	J	K
1											
2		出席番号	性別	国語	数学	合計	順位		性別	人数	
3		01	男子	59	72	131	9		男子	5	
4		02	女子	84	65	149	2		女子	5	
5		03	女子	47	93	140	5				
6		04	男子	80	66	146	4				
7		05	男子	48	46	94	10				
8		06	男子	82	81	163	1				
9		07	女子	85	54	139	6				
10		08	男子	78	70	148	3				
11		09	女子	74	60	134	8				
12		10	女子	81	56	137	7				
13											

手順　COUNTIF 関数を用いて男女別の人数を求める

① 男性の人数を求めるセル「**J3**」をアクティブにする。

② ［**ホーム**］タブ、［**編集**］グループの［**Σオート SUM**］のプルダウンをクリックし、メニューから、［**その他の関数(F)...**］を選択してクリックする。

③ ダイアログボックス［**関数の挿入**］が出現するので、［**関数の検索(S)**］に「個数」と入力し、［**検索開始(G)**］ボタンを押す。

④ ［**関数名(N)**］に検索結果に該当する関数が表示されるので、その中から「**COUNTIF**」を探しクリックする。

⑤ COUNTIF 関数の［**関数の引数**］ダイアログボックスが出現する。

⑥ 「**範囲**」に性別（男子、女子）が入っているセル範囲「**C3:C12**」を投入する。

⑦ 「**検索条件**」に男子と入ったセル「**C3**」をクリックし投入する。このとき、検索条件が「**男子**」であれば、他のセル（例えば「**C4**」や「**C5**」など）を指定してもよい。

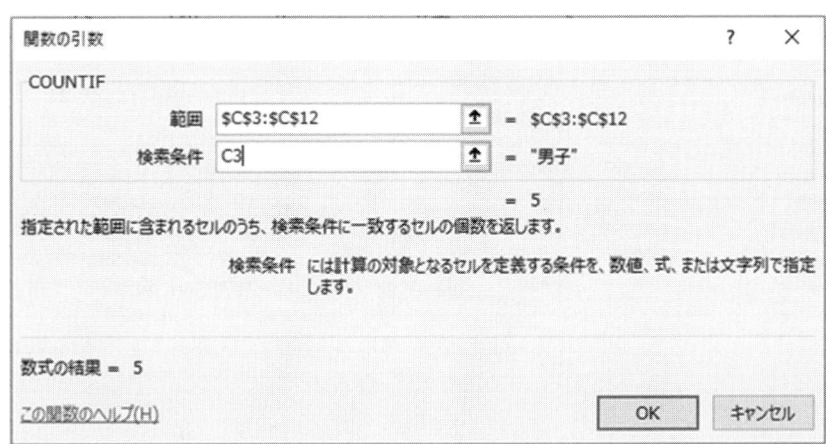

⑧ ［**OK**］ボタンを押し、男子の人数を求める。そして、同様に検索条件を女子に変え、女子の人数を求める。

なお、［**関数の挿入**］を利用せず、直接「=COUNTIF($C$3:$C$12,C3)」と関数を入力しても人数を求めることができる。また、文字列を、“”（二重引用符/ダブルクォーテーション）で囲むと文字列であっても処理が行われる。

COUNTIF　=COUNTIF($C$3:$C$12,"男子")

	B	C	D	E	F	G	H	I	J
1									
2	出席番号	性別	国語	数学	合計	順位		性別	人数
3	01	男子	59	72	131	9		男子	=COUNTIF($C$3:$C$12,"男子")
4	02	女子	84	65	149	2		女子	5
5	03	女子	47	93	140	5			
6	04	男子	80	66	146	4			
7	05	男子	48	46	94	10			
8	06	男子	82	81	163	1			
9	07	女子	85	54	139	6			
10	08	男子	78	70	148	3			
11	09	女子	74	60	134	8			
12	10	女子	81	56	137	7			

例題 15 では COUNTIF 関数を利用し、条件にあったデータの個数を数えたが、設定した基準（論理式）に照らし合わせて値を返したい（例えば 60 点以上を合格、それ以外を不合格と判定する）といった場合、IF 関数を用いる。論理式が満たされる場合を「真」、論理式が満たされない場合を「偽」といい、IF 関数は論理式の真偽判定に従って値を返す。論理式に用いる記号を、比較演算子という。

比較演算子		例	意味
＝	等しい（一致）	B2＝D2	セル「B2」の値と「D2」の値が等しい場合
＜＞	等しくない（不一致）	B2＜＞D2	セル「B2」の値と「D2」の値が等しくない場合
＞	より大きい	B2＞60	セル「B2」の値が 60 よりも大きい場合
＜	より小さい	B2＜80	セル「B2」の値が 80 よりも小さい場合
＞＝	以上	B2＞＝60	セル「B2」の値が 60 以上の場合
＜＝	以下	B2＜＝80	セル「B2」の値が 80 以下の場合

IF 関数の書式は「IF（論理式, 論理式が真の場合に返す値, 論理式が偽の場合に返す値）」となり、セル「F4」の数値が 60 以上を合格、60 以下を不合格と返したい場合、IF 関数の論理式は「=IF(F4>=60, ″合格″,″不合格″)」となる。

例題 16　IF 関数で合否判定を行う。

例題 15 で用いた成績表を利用し、合計が 140 点以上のものを合格、140 点以下のものを不合格と判定しなさい。

	B	C	D	E	F	G	H	I	J	K
1										
2	出席番号	性別	国語	数学	合計	順位	合否判定		性別	人数
3	01	男子	59	72	131	9	不合格		男子	5
4	02	女子	84	65	149	2	合格		女子	5
5	03	女子	47	93	140	5	合格			
6	04	男子	80	66	146	4	合格			
7	05	男子	48	46	94	10	不合格			
8	06	男子	82	81	163	1	合格			
9	07	女子	85	54	139	6	不合格			
10	08	男子	78	70	148	3	合格			
11	09	女子	74	60	134	8	不合格			
12	10	女子	81	56	137	7	不合格			
13										

手順　IF 関数を用いて合格判定を行う。

①「順位」の隣に列を追加し、セル「H2」に「合否判定」と入力する。

② 合否判定を行うセル「H3」をアクティブにする。

③［**ホーム**］タブ、［**編集**］グループの［**Σオート SUM**］のプルダウンをクリックし、メニューから、［**その他の関数(F)...**］を選択してクリックする。

④ ダイアログボックス［**関数の挿入**］が出現するので、［**関数の検索(S)**］に「IF」と入力し、［**検索開始(G)**］ボタンを押す。

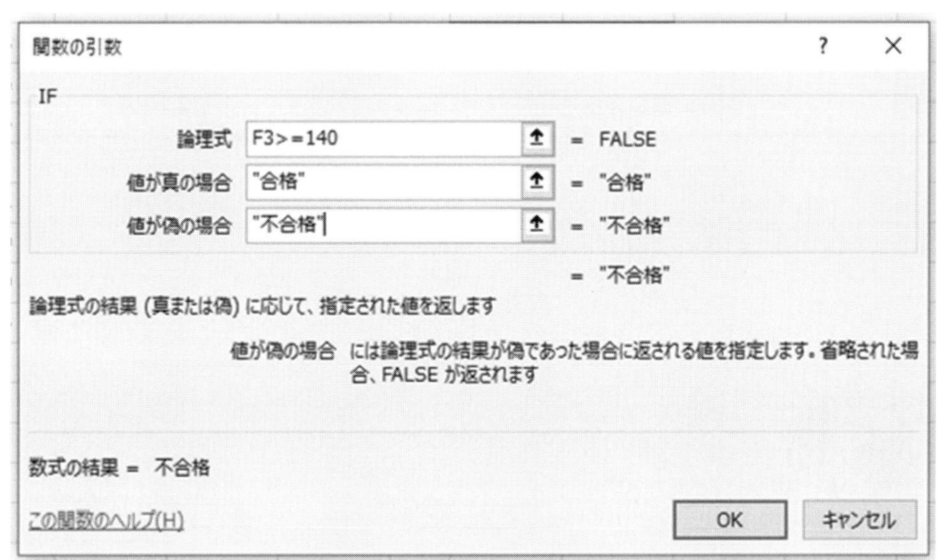

⑤ [**関数名(N)**]に検索結果に該当する関数が表示されるので、その中から「IF」を探しクリックする。
⑥ IF関数のダイアログボックス[関数の引数]が出現する。
⑦「論理式」に「F3>=140」（合計(セル「F3」)が140以上）と入力する。
⑧「値が真の場合」に「合格」、「値が偽の場合」に「不合格」と入力する。なお、文字列を処理する場合、“ ”で文字列を囲む必要があるが、ダイアログボックス内では、自動的に文字列は“ ”で囲まれる。
⑨ [OK]ボタンを押し、合否判定の結果を求める。
⑩ セルのコピーを利用し、残りの合否判定結果を求める。

例題16では140点以上という1つの条件で判定を行ったが、論理演算子を用いることで複雑な条件設定をすることができる。

論理演算子	例
AND　　A かつ B	IF(AND(B2＞＝50, C2＞＝50),″合格″,″不合格″)) セル「B2」の値が50以上、かつ「C2」の値が50以上の場合は合格と表示、それ以外は不合格と表示。
OR　　A または B	IF(OR(B2＞＝50, C2＞＝50),″合格″,″不合格″)) セル「B2」の値が50以上、または「C2」の値が50以上の場合は合格と表示、それ以外は不合格と表示。
NOT　　A ではない	IF(NOT(B2<60),″合格″,″不合格″) セル「B2」の値が60より小さい場合以外は合格と表示、それ以外は不合格と表示。

例題 17　論理演算子を利用して合否判定を行う。

成績表２を作成し、１回目が 60 点以上かつ２回目も 60 点以上の場合を合格、それ以外を不合格と判定しなさい。

	A	B	C	D
1	成績表２			
2	出席番号	1回目	2回目	合否判定
3	01	48	64	不合格
4	02	72	78	合格
5	03	52	71	不合格
6	04	80	88	合格
7	05	48	43	不合格
8	06	83	81	合格
9	07	76	54	不合格
10	08	80	74	合格
11	09	64	60	合格
12	10	58	56	不合格
13				

手順　論理演算子を利用して合否判定を行う。

① 成績表２を作成する。
② 合否判定を行うセル「D3」をアクティブにする。
③ ［**ホーム**］タブ、［**編集**］グループの［**Σオート SUM**］のプルダウンをクリックし、メニューから、［**その他の関数(F)...**］を選択してクリックする。
④ ダイアログボックス［**関数の挿入**］が出現するので、［**関数の検索(S)**］に「IF」と入力し、［**検索開始(G)**］ボタンを押す。
⑤ ［**関数名(N)**］に検索結果に該当する関数が表示されるので、その中から［IF］を探しクリックする。
⑥ IF 関数のダイアログボックス［関数の引数］が出現する。
⑦ 「論理式」に「AND(B3>=60,C3>=60)」（１回目（セル「B3」）が 60 以上かつセル「C3」が 60 以上）と入力する。
⑧ 「値が真の場合」に「合格」、「値が偽の場合」に「不合格」と入力する（「合格」「不合格」は文字列のため、自動的に“”に囲まれる）。
⑨ ［OK］ボタンを押し、合否判定の結果を求める。
⑩ セルのコピーを利用し、残りの合否判定結果を求める。

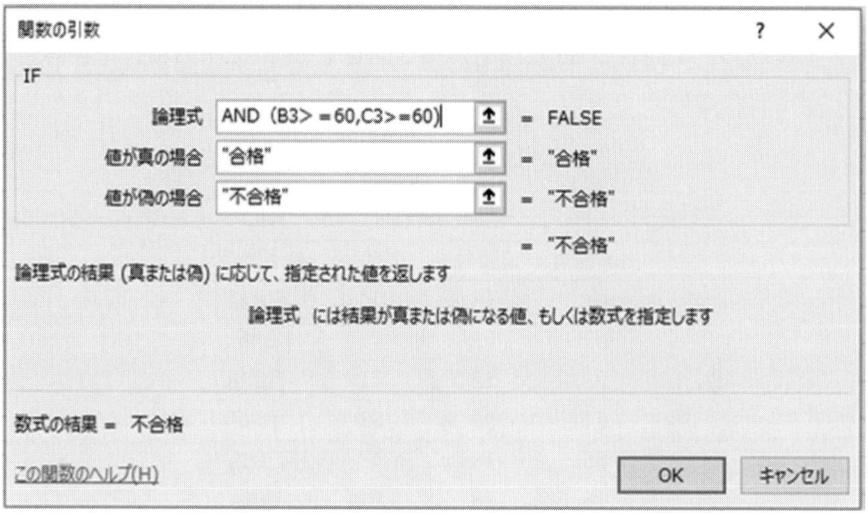

関数の引数

IF

論理式　AND (B3> =60,C3>=60)　= FALSE

値が真の場合　"合格"　= "合格"

値が偽の場合　"不合格"　= "不合格"

= "不合格"

論理式の結果 (真または偽) に応じて、指定された値を返します

論理式 には結果が真または偽になる値、もしくは数式を指定します

数式の結果 = 不合格

この関数のヘルプ(H)　OK　キャンセル

さらにIF関数の中にIF関数を組み込むこと（IF関数のネスト）により、複数条件の判定を行うことができる。IF関数のネストでは、1つ目の論理式において、値が偽の場合に再度IF関数を利用する。そのため、「=IF（論理式1,論理式1が「真」の場合に返す値A,IF（論理式2,論理式2が「真」の場合に返す値B,論理式2が「偽」の場合に返す値C)）」がIF関数のネストの基本形式となる。

例えば、例題15の成績表の合計点において、160以上をA、140以上をB、それ以外をCと判定したい場合、IF関数は「=IF(F3>=160,″A″,IF(F3>=140,″B″,″C″))」となる。

例題18　IF関数のネストを利用して合否判定を行う。

例題17で作成した成績表2を利用し、1回目が60点以上のものを合格、2回目が60点以上の場合を2回目合格、それ以外を不合格と判定しなさい。

	A	B	C	D
1	成績表2			
2	出席番号	第1回	第2回	合否判定
3	01	48	64	2回目合格
4	02	72	78	合格
5	03	52	71	2回目合格
6	04	80	88	合格
7	05	48	43	不合格
8	06	83	81	合格
9	07	76	54	合格
10	08	80	74	合格
11	09	64	60	合格
12	10	58	56	不合格
13				

手順　IF 関数のネストを利用して合否判定を行う。

① 例題 17 で作成した成績表２を開き、合否判定を行うセル「**D3**」をアクティブにする。

② ［**ホーム**］タブ、［**編集**］グループの［**Σオート SUM**］のプルダウンをクリックし、メニューから、［**その他の関数(F)**...］を選択してクリックする。

③ ダイアログボックス［**関数の挿入**］が出現するので、［**関数の検索(S)**］に「IF」と入力し、［**検索開始(G)**］ボタンを押す。

④ ［**関数名(N)**］に検索結果に該当する関数が表示されるので、その中から［IF］を探しクリックする。

⑤ IF 関数のダイアログボックス［関数の引数］が出現する。

⑥ 「論理式」に「B3>=60」と入力する。

⑦ 「値が真の場合」に「合格」と入力する。

⑧ 「値が偽の場合」をクリックした後、［名前ボックス］のプルダウンから、［IF］を選択してクリックすると、「値が偽の場合」に IF 関数が挿入される。その際、元の IF 関数の［関数の引数］ダイアログボックスは消え、２つ目の IF 関数の［関数の引数］ダイアログボックスが表示される。

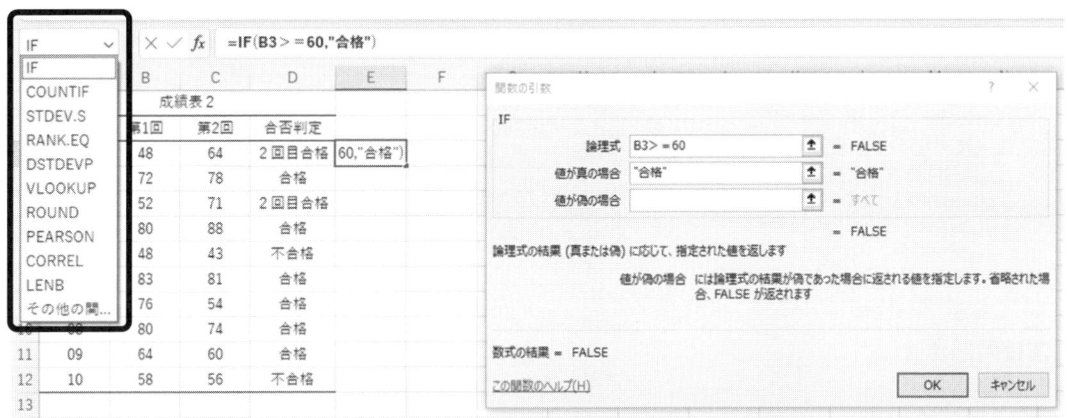

⑨ 「論理式」に「(C3>=60」、「値が真の場合」に「2 回目合格」、「値が偽の場合」に「不合格」と入力し、［OK］ボタンを押す。

⑩ セルのコピーを利用し、残りの合否判定結果を求める。

なお、今回、関数の挿入を利用したが、直接入力した場合、「=IF(B3>=60,″合格″,IF(C3>=60,″2 回目合格″,″不合格″))」となる。

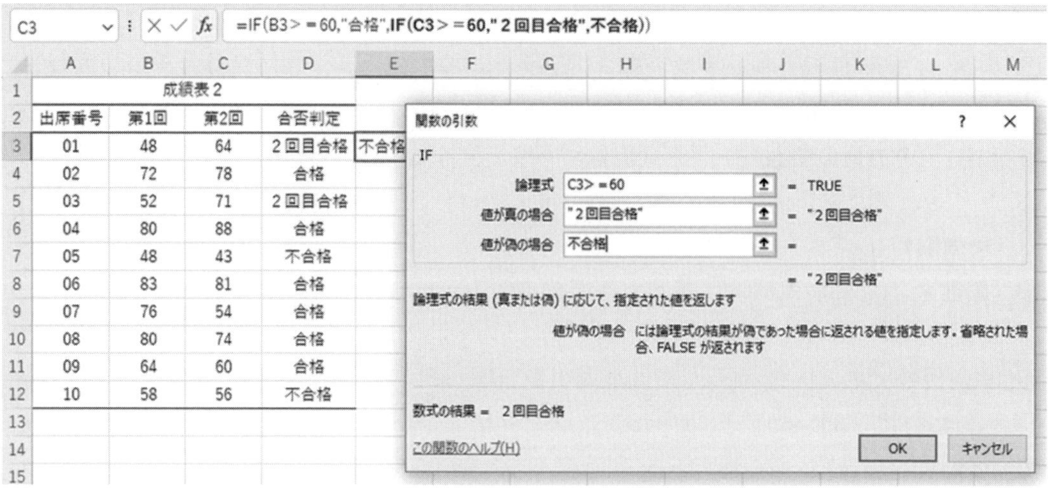

C3　=IF(B3>=60,"合格",IF(C3>=60,"2回目合格",不合格))

	A	B	C	D	E
1	成績表 2				
2	出席番号	第1回	第2回	合否判定	
3	01	48	64	2回目合格	不合格
4	02	72	78	合格	
5	03	52	71	2回目合格	
6	04	80	88	合格	
7	05	48	43	不合格	
8	06	83	81	合格	
9	07	76	54	合格	
10	08	80	74	合格	
11	09	64	60	合格	
12	10	58	56	不合格	

関数の引数

IF

論理式　C3>=60　= TRUE

値が真の場合　"2回目合格"　= "2回目合格"

値が偽の場合　不合格　=

= "2回目合格"

論理式の結果 (真または偽) に応じて、指定された値を返します

値が偽の場合　には論理式の結果が偽であった場合に返される値を指定します。省略された場合、FALSE が返されます

数式の結果 =　2回目合格

この関数のヘルプ(H)　OK　キャンセル

演習問題 4.1

式と関数を利用して、次の表を作成しなさい。

	A	B	C	D	E
1		PC周辺機器の売上			
2					
3		商品	単価	売上数	金額(円)
4		キーボード	2,980	22	65,560
5		マウス	1,580	34	53,720
6		プリンタ	17,900	14	250,600
7		スキャナ	10,800	8	86,400
8				合計	456,280

演習問題 4.2

式と関数を利用して、次の表を作成しなさい。また、割合を求める際は、絶対参照を利用しなさい。

	A	B	C	D	E	F	G
1		各支店の販売実績					
2							
3		支店	4月	5月	6月	合計	割合(%)
4		仙台	39	48	67	154	14.2%
5		東京	64	84	91	239	22.1%
6		名古屋	55	56	59	170	15.7%
7		大阪	68	72	77	217	20.1%
8		広島	47	36	58	141	13.0%
9		福岡	65	42	53	160	14.8%
10		合計	338	338	405	1081	
11		平均	56.3	56.3	67.5	180.2	
12							

演習問題 4.3

式と関数を利用して、次の表を作成しなさい。標準偏差は「STDEV.S」関数を、順位は「RANK.EQ」関数を利用して求められる。

偏差値の算出式 ： 偏差値＝(得点－平均点)×10/標準偏差+50

	A	B	C	D	E	F
1			1学期の算数の成績			
2						
3		出席番号	試験の得点	偏差値	順位	
4		01	68	51.9	5	
5		02	72	55.1	4	
6		03	42	31.1	10	
7		04	73	55.9	3	
8		05	58	43.9	8	
9		06	65	49.5	6	
10		07	86	66.3	1	
11		08	77	59.1	2	
12		09	60	45.5	7	
13		10	55	41.5	9	
14		平均点	65.6			
15		標準偏差	12.5			

演習問題 4.4

次の表とグラフを作成しなさい。

B	C	D	E	F
	PC周辺機器の売上			
商品	単価	売上数	金額(円)	割合(%)
キーボード	2,980	22	65,560	14.4%
マウス	1,580	34	53,720	11.8%
プリンタ	17,900	14	250,600	54.9%
スキャナ	10,800	8	86,400	18.9%
		合計	456,280	

演習問題 4.5

次の表とグラフを作成しなさい。

各支店の販売実績

支店	4月	5月	6月	合計	割合(%)
仙台	39	48	67	154	14.2%
東京	64	84	91	239	22.1%
名古屋	55	56	59	170	15.7%
大阪	68	72	77	217	20.1%
広島	47	36	58	141	13.0%
福岡	65	42	53	160	14.8%
合計	338	338	405	1081	
平均	56.3	56.3	67.5	180.2	

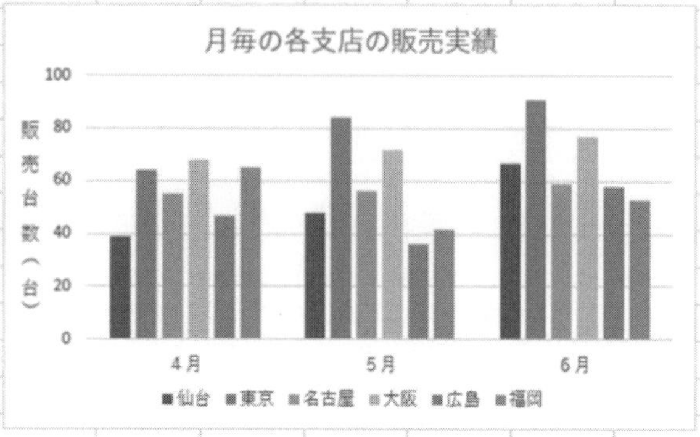

第 5 章 プレゼンテーションソフトの使用方法

5.1 プレゼンテーションとは

プレゼンテーションとは、自分の意見やアイディアなどを相手に説明し、行動の変化と意思決定をうながすことである。プレゼンテーションは、単に自分の意見やアイディアを相手に説明するだけではない。自分の意見やアイディアを相手にわかりやすく、また見やすく示すことが大切である。さらにプレゼンテーションには、相手を説得して自分の意見を受け入れてもらったり、アイディアを採用してもらったりする目的も持っている。そのため「① 誰に、② 何を、③ どう伝え、④ どんな結果を出したいか」を明確にすることが大切である。

5.2 PowerPoint Office365 とは

PowerPoint Office 365（以下、PowerPoint と呼ぶ）とは、Microsoft 社が Windows、Mac OS 向けに提供しているプレゼンテーションソフトの 1 種である。スライドショーやアニメーションが行えるため、プレゼンテーションに利用される。また、文字の表現や図表の挿入などができることから資料作成にも利用される。上述したように、プレゼンテーションにはいくつかの重要な要素があるが、“PowerPoint をどう用いて、どう伝えるか”、を明確にすることが大切であり、特に、①見やすさ、②わかりやすさ、③飽きのこなさ（注意を引く）を工夫することが重要である。

①見やすさ、②わかりやすさ、③飽きのこなさに関わる要因

①見やすさ	②わかりやすさ	③飽きのこなさ（注意を引く）
フォント、色、デザイン、文字数、など	理論展開（脚本）、文字数、図や表、など	色、アニメーション、効果音や BGM、など

この章では、PowerPoint の基本的な入力操作を学び、発表用スライドの文字入力・デザイン・アニメーションの設定・図形の挿入等のスキルをマスターし、演習にて発表スライドを作成する。

5.2.1 PowerPoint の画面構成

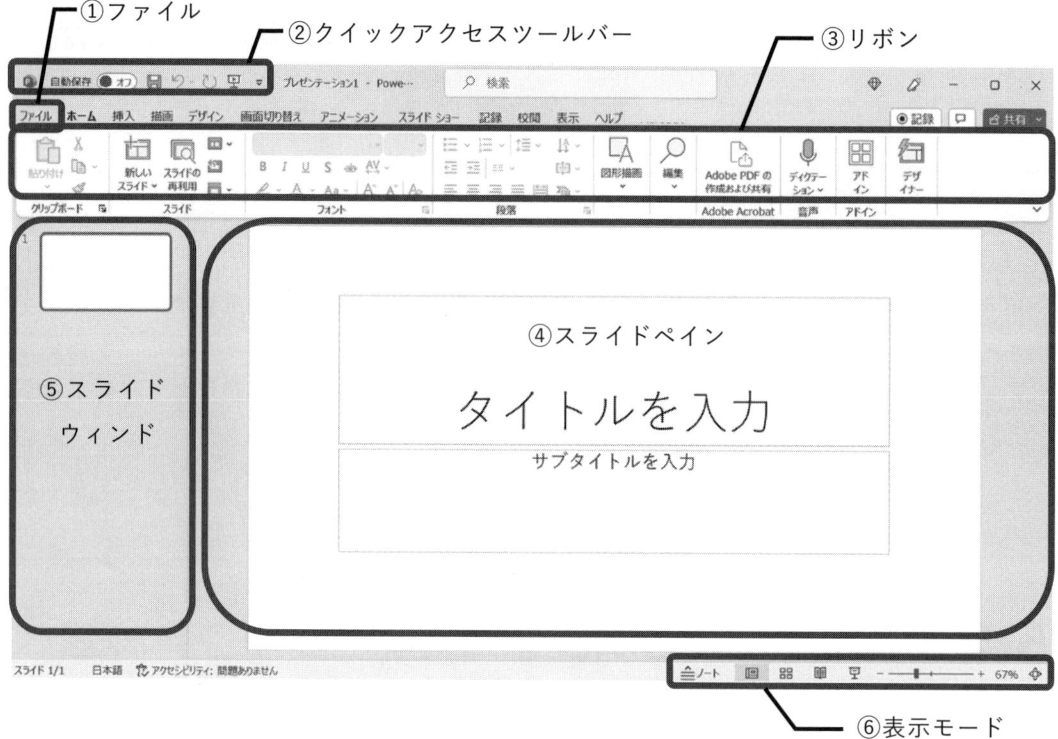

① **ファイル（画面左上隅）**･･･ Word、Excel 同様、ファイルの新規作成、保存、印刷、終了などの基本操作が行える。PowerPoint のオプションも［**ファイル**］タブから行う。

② **クイックアクセスツールバー（同上）**･･･ Word、Excel 同様、上書き保存や元に戻すといった利用頻度の高いボタンが配置されている。

③ **リボン（画面上部）**･･･ スライドやスライドショーを作成するための、さまざまなツールが配置されている。

④ **スライドペイン（画面中央の広い領域）**･･･ スライドの作成・編集を行う場所である。

⑤ **スライドウィンド（画面左側の細長いエリア）**･･･ スライドの縮小イメージが表示されている。クリックすることで、スライドを切り替えることができる。

⑥ **表示モード（画面右下隅）**･･･ 標準、スライド一覧、閲覧表示、スライドショーに切り替えることができる。

5.2.2 PowerPoint の起動と終了（Windows11 の場合）

（1）PowerPoint の起動

手順　PowerPoint の起動

① スタートボタンをクリックし、スタートメニュー画面を表示する。

② スタートメニュー画面中に一覧メニューが表示されるので、[PowerPoint]をクリックする。

③ PowerPoint が起動し、新しいスライド画面が現れる。

※ Windows のバージョンにより起動・終了などについては多少異なる。

（２）PowerPoint の終了

手順　PowerPoint の終了

① PowerPoint 画面の左上にある［**ファイル**］タブをクリックする。

② ［**閉じる**］をクリックすると PowerPoint が終了する。

③ PowerPoint スライドにデータがある場合、'プレゼンテーション１の変更内容を保存しますか？' という注意が現れる。

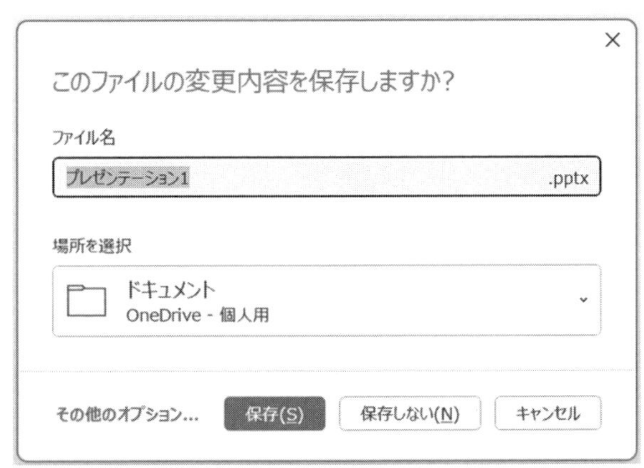

ここで［**保存(S)**］を選ぶと保存して終了になるが、［**保存しない(N)**］を選ぶと保存せずに PowerPoint が終了してしまう。［**キャンセル**］を選ぶと PowerPoint は終了しない。

（３）データの保存

入力したデータを保存する。初めて作成した新規ファイルを保存する場合、名前を付けて保存を行う。これは Microsoft Office 系ソフト（Word、Excel、PowerPoint）で共通である。

手順　データの保存

① 画面左上にある［**ファイル**］タブをクリックする。

② ［**名前を付けて保存**］をクリックすると、画面の右側に保存先リストが現れるので、保存したい場所を指定し、クリックする。

③ 例えば、［**この PC**］を指定した場合、画面の右上に「**ドキュメント**」ファイルが表示される。ここにファイル名を入力してください］にファイル名を入力すると、右端の「**保存**」マークがアクティブになる。同マークをクリックするとパソコンの「**ドキュメント**」ファイル内に保存される。

④ 保存先の候補リストに保存したいファイルが表示されない場合は、［**参照**］をクリックする。さらに［**名前を付けて保存**］ダイアログボックスが開くので、左側のリストからクラウド上、デスクトップ上、USB 内などの保存先を選択すると、右側に保存先のフォ

ルダの候補リストが表示される。任意のフォルダをクリックして選択する。

⑤ 続けて[**ファイル名(N)**]に任意の名前を付ける(例えば、“プレゼンテーション 1.pptx” となっている場合は、“色彩について” と入力)。

⑥ ファイル名の変更ができたら、[**保存(S)**]をクリックする。

(4) 既存のファイルに保存する場合

既存のファイル内容を更新した場合、上書き保存を行う。[**ファイル**] タブから[**上書き保存**]を選んでクリックする。

あるいは、[**クイックアクセスツールバー**]にあるフロッピーディスクのアイコン をクリックしても上書き保存が行える。

5.3 スライドの作成

(1) 文字の入力

例題 1　スライド作成

次のようなタイトルスライドを作成しなさい。氏名には、自分の名前を入力しなさい。

色彩について

発表者 氏名

手順　文字の入力

① 「**タイトルを入力**」と書かれた枠内をクリックし、“色彩について” と入力する。

② 次に「**サブタイトルを入力**」と書かれた枠内をクリックし、“発表者氏名（氏名は自分の名前)” を入力する。

(2) フォントの変更

タイトルスライドの文字サイズと、文字のフォントを変更する。

手順　フォントの変更

① タイトル “色彩について” を範囲指定する。

② ［**ホーム**］タブの［**フォント**］グループの中にあるフォント ▼ を「MS ゴシック」に変更する。
③ 文字サイズ ▼ を 60 に変更する。
④ フォントの下にある「B」をクリックし、太字（ボールド体）に変更する。
⑤ 同様にして、発表者氏名も変更する。なお、1つのプレゼンテーション内では、1種類のフォントで統一したほうが見栄えがよい。ただし、フォントサイズは強調したいところを大きくするなど、主張の強弱を文字の大小で表現するなどの工夫があってもよい。

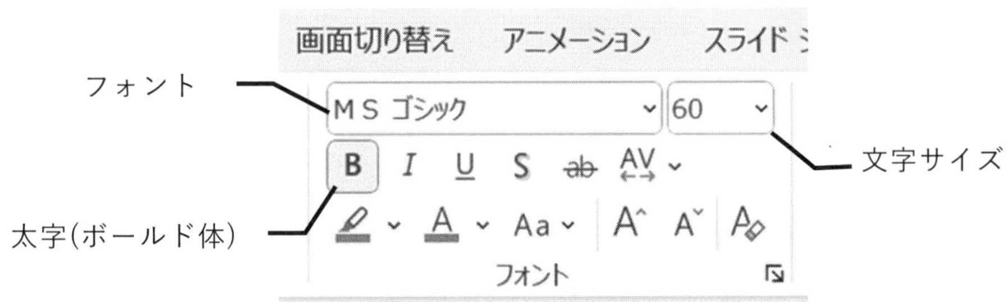

基本的に Word でのフォント変更と大きく変わらない。今回、文字列を範囲指定して変更を行ったが、「タイトルを入力」と書かれた枠線を選択（破線から実線になる）しても変更が可能である。複数の文字を変更するとき便利である。

（3）スライドの追加

例題２　スライドの追加

次の２枚のスライドを追加しなさい

色の基本構成要素	色の視認性
• 色相　色みそのもの • 明度　色の明るさ • 彩度　色の鮮やかさ	• 図と地の明度差が大きいほど視認性は高くなる。反対に明度差が小さいと視認性は低くなる。

手順　スライドの追加

① ［**ホーム**］タブ、［**スライド**］グループから［**新しいスライド**］をクリックする。
② あるいは、［**新しいスライド**］の▼をクリックすると、「Office テーマ」の中に複数のスタイルの新規スライドが表示されるので、そこで「**タイトルとコンテンツ**」を選択することもできる。

③ 追加したスライドに、色の基本構成要素（1枚目）と、色の視認性（2枚目）を入力する。

スライドの選択に関して、実際はどのスライドを選んでも問題ない。テキストボックスを利用することで、任意の場所に文字を入力できる。

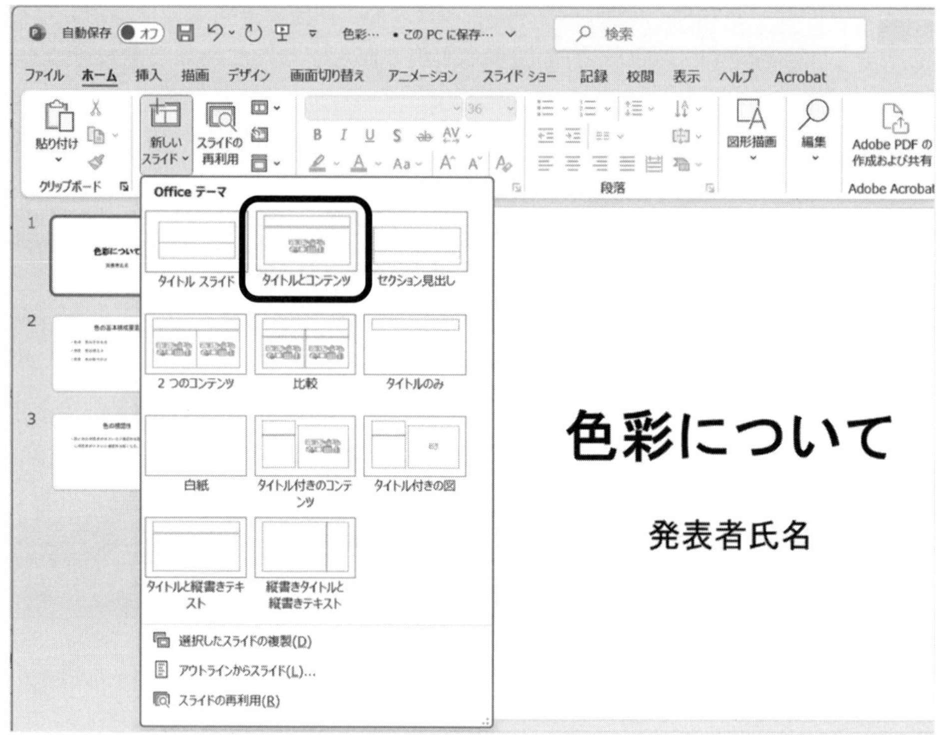

（4）任意の箇所に文字を入力する（テキストボックスの挿入）

手順　テキストボックスの挿入

① ［**挿入**］タブ、［**テキスト**］グループの中にある［**テキストボックス**］をクリックする。

② ［**横書きテキストボックスの描画(H)**］をクリックする（縦書きの場合、［**縦書きテキストボックス(V)**］をクリックすると縦書きになる）。

③ スライド上で、テキストボックスを挿入したい箇所でドラッグ＆ドロップする。なお、テキストボックス挿入後、テキストボックスの枠をドラッグ＆ドロップすると、枠を移動できる。

（5）スライド番号の挿入

手順　スライド番号の挿入

［**挿入**］タブ、［**テキスト**］グループからスライド番号の挿入ができる。

① ［**挿入**］タブ、［**ヘッダーとフッター**］をクリック。

② ヘッダーとフッターダイアログボックスが現れるので［**スライド番号(N)**］にチェック

を入れる。

③ [**すべてに適用(Y)**]をクリック。

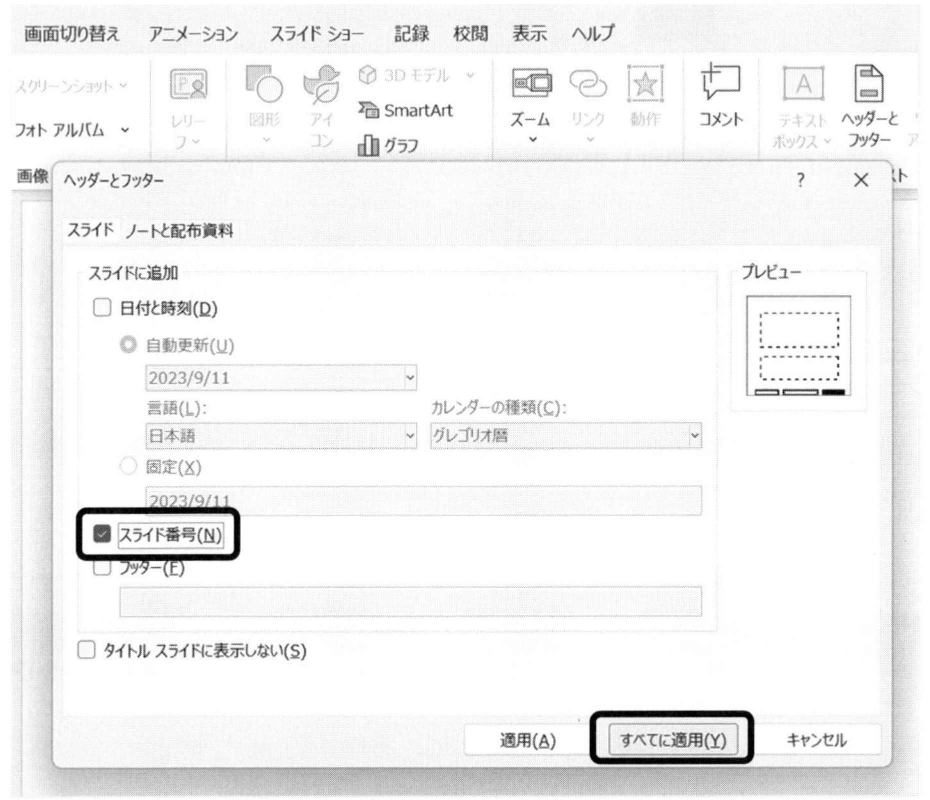

（６）スライドショーの実行

例題３　スライドショーの実行

作成したスライドでスライドショーを実行しなさい。

手順　スライドショーの切り替え方法１

① 表示モードを標準からスライドショーに切り替えることによって、スライドショーが行える。スライドショーに切り替えるにはアイコン（右下隅）をクリックする。

手順　スライドショーの切り替え方法２

① [**スライドショー**]タブ、[**スライドショーの開始**]グループにある[**最初から**]をクリックするとスライドショーが始まる。

② クリックすると次のスライドに進む。

③ 最後までスライドショーを進めると、画面は暗転し、上部に「スライドショーの最後です。クリックすると終了します。」と表示される。この表示後、クリックすると、表示が標準に戻り、スライドショーが終了する。

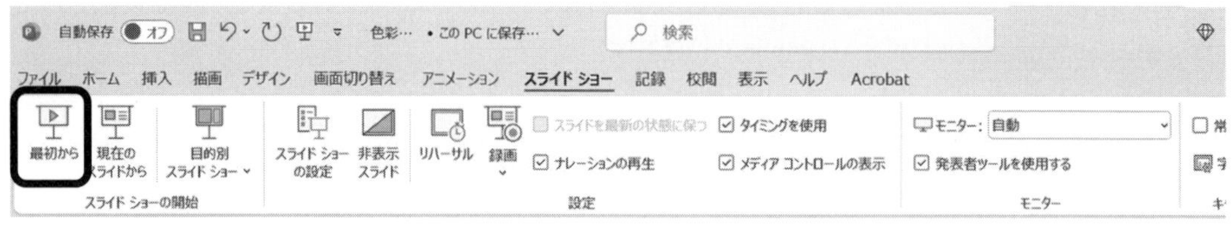

※ スライドショーはキーボードの矢印キーでも進めることができる。

[↓]キー、[→]キーでスライドが次に進む。[↑]キー、[←]キーで1つ前のスライドに戻る。また、途中でスライドショーを終了する場合、[Esc]キーでいつでもスライドショーを終了できる。

（7）スライドデザインの変更

スライドのデザインは変更することができる。

例題4　スライドデザインの変更

作成したスライドデザインを自由に変更しなさい。

手順　スライドデザインの変更

① [**デザイン**]タブの[**テーマ**]グループにある[**その他** ▿]ボタンをクリックする。

② スライドデザインのリストが表示される。好きなテーマを選択し、クリックする。

5.3.1 アニメーションの設定

作成したスライドは、画面の切り替え時やスライドで用いた文字や図形に、アニメーションや効果音を設定することができる。

（1）画面の切り替えの設定

例題５　画面の切り替え

「色彩について」のスライドに、画面切り替えの効果を設定しなさい。

手順　画面の切り替え

① ［**画面切り替え**］タブをクリックする。

② ［**画面切り替え**］グループの［**その他** ▽ ］ボタンをクリックする。

③ 表示された画面切り替え効果の中から好きな効果（例えば、フェード）を選ぶ。

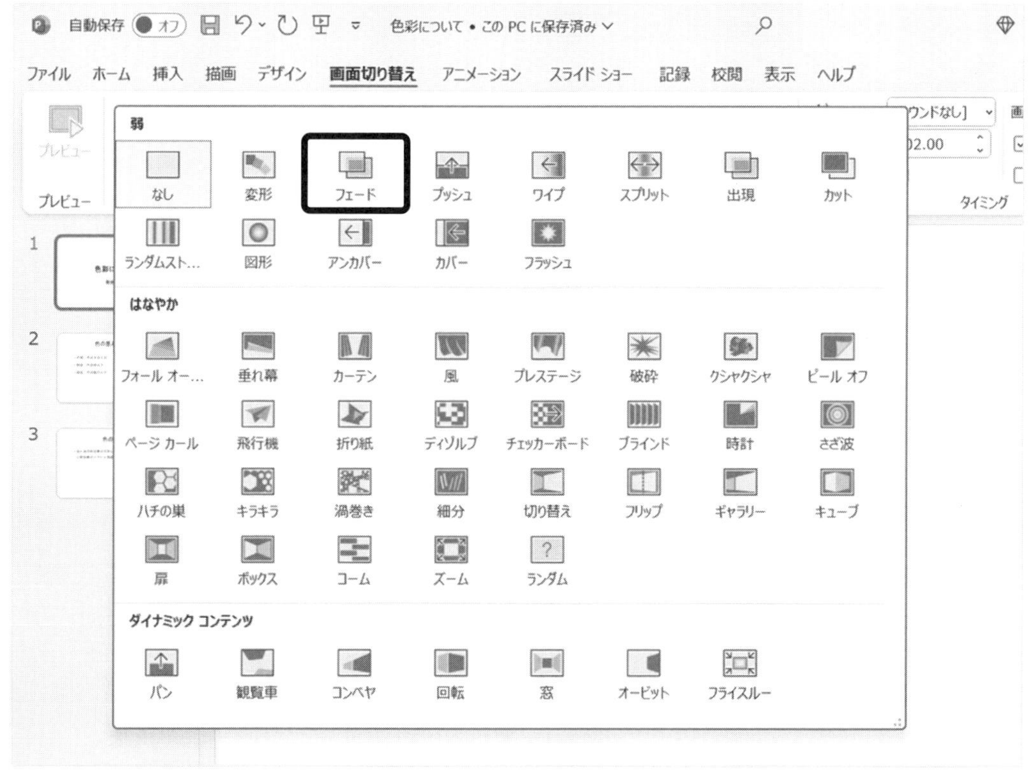

④ スライドショーを実行し、画面切り替えアニメーションの動作を確認する。

※ すべてのスライドに同じ画面の切り替え効果を設定する場合、［**タイミング**］グループ内の［**すべてに適用**］をクリックする。［**すべてに適用**］をクリックしなかった場合、指定したスライドのみ画面切り替えの効果が適用される。

（2）画面切り替え設定の解除

設定した画面切り替え設定は解除することができる。

手順　画面切り替え設定の解除

① [**画面切り替え**]タブ、[**画面切り替え**]グループの中から[**なし**]を選ぶ。

② すべての画面切り替えを解除したい場合、[**タイミング**] グループ内の[**すべてに適用**]をクリックする。

（3）アニメーションの設定

例題6　アニメーションの設定

PowerPoint ファイル「色彩について」の2枚目のスライドに、アニメーションを設定しなさい。

手順　アニメーションの設定

① PowerPoint ファイル「色彩について」のスライドウィンドにある、2枚目のスライド「色の基本構成要素」をクリックし、スライドペインに表示させる。

② “色の基本構成要素”（タイトル部分の文字）を選択する。

③ [**アニメーション**]タブの[**アニメーション**]グループの中にある、[**スライドイン**]をクリックする。

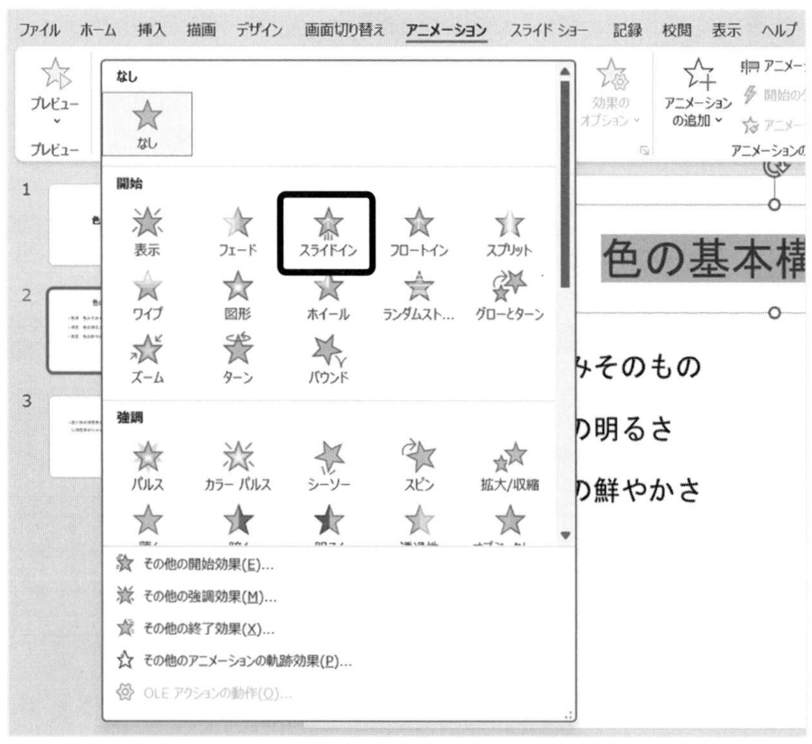

※ [**アニメーションの詳細設定**]グループや [**タイミング**] グループに表示されるアニメーションの設定内容は、選択したアニメーションによって異なる。

（4）アニメーションの削除

手順　アニメーションの削除

① [**アニメーションの詳細設定**]グループの[**アニメーション ウィンドウ**]をクリックする。

② 画面右側に作業ウィンドウ[**アニメーション ウィンドウ**]が表示されるので、アニメーションを削除する対象を選び、その右横にある▼をクリック。

③ [**削除**]をクリックする。

以上でアニメーションの設定は終了である。アニメーションによって設定内容が異なるので、どのようなアニメーションがあるのかいろいろ試してみよう。

※ 実際のプレゼンテーションでは、対象や目的に応じた適度なアニメーションを用いたほうがよい。あまりアニメーションを多用すると煩雑な印象になるので、注意が必要である。

5.4 図の挿入

Word や Excel と同様に、PowerPoint でも写真やグラフ、図形を挿入することができる。特に図形は組み合わせることによって、表現の幅が広がるため便利である。

例題 7　図の挿入

PowerPoint ファイル「色彩について」の３枚目のスライドに、図を挿入し文字を書きなさい。

手順　図の挿入

① [**挿入**]タブ、[**図**]グループの[**図形**]をクリックする。

② 挿入したい図形をクリックする。

③ スライド内の挿入したい箇所で、ドラッグ&ドロップする。

※ 図形挿入後、任意の位置に移動させることができる。微調整の場合、移動させたい対象を指定し、矢印キーで調整を行うと調整が行いやすい。

挿入した図形には、文字を入力することができる。

手順　挿入した図に文字を入力する

① 挿入した図形の上で右クリックする。

② [**テキストの編集(X)**]をクリックすると図形に文字入力ができる。

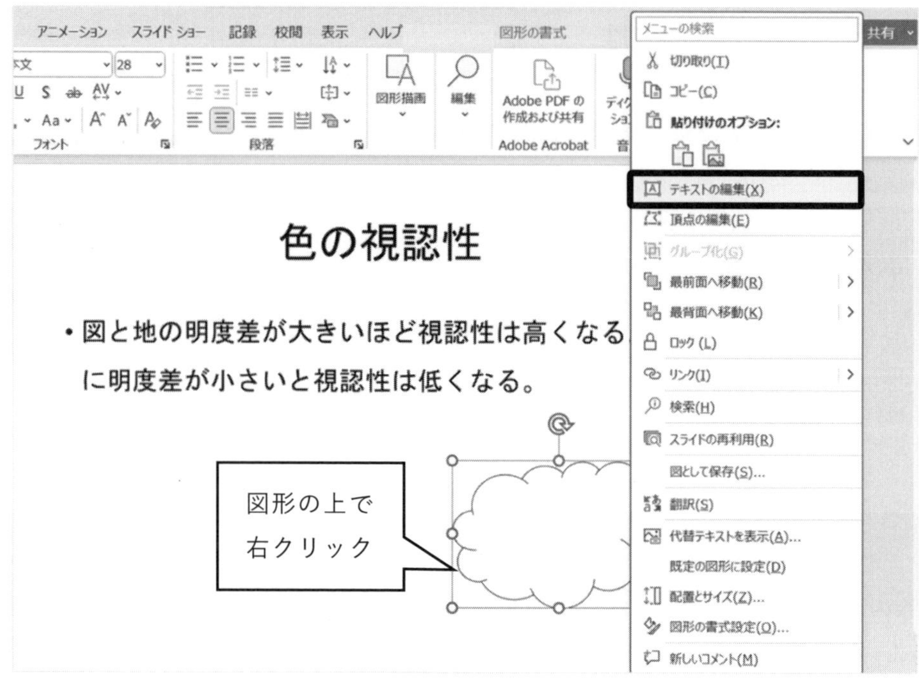

※ 入力した文字のサイズ、フォント種類の変更も行うことができる。

演習問題5.1　以下のテーマについて好きなものを選び、5枚程度のスライドにまとめなさい。

① 旅行したい場所（国内・国外）

② 地元自慢

③ 自分の目標（大学でやりたいこと）

④ 自分史

⑤ サークル紹介

第 6 章　プログラミングを学ぶ

6.1 プログラミングとは

パソコンなどのコンピュータのソフトウェアを作ろうと思ったとき、人間が設計書を書くだけでは動作しない。コンピュータが理解できる言葉で記述する必要がある。コンピュータは「電子計算機」と訳されるように計算する機械であるため、すべての計算を０か１だけで構成されている２進数のデータに置き換えてあげないと理解できない。この２進数で書かれた命令の集まりを「機械語」という。

しかし、人間が自らの手でコンピュータが理解できるように０と１だけでデータを作るのは、至難の業である。これを解決するために、人間が理解しやすく、記述しやすくした言葉が「プログラミング言語」である。

6.1.1 プログラミング言語の概念

プログラミング言語を使って、コンピュータにやらせたいことを書いたプログラムの元（ソース）になるものをソースコードという。このソースコードをコンピュータが理解できるように変換することにより、機械語で書かれた「プログラム」を生成する。一般的に、この「プログラム」を作る一連のことを、「プログラミング」という。また、ソースコードを書いてプログラムを作るだけでなく、その動作を確認するテストや不具合（バグ）を取り除くデバッグや設計書を作成する作業までを、プログラミングに含めることがある。

人間が理解しやすいプログラミング言語で書かれたソースコードを、コンピュータが解釈しやすい機械語を変換するソフトウェアには、コンパイラ（compiler）やインタプリタ（interpreter）がある。このコンパイラはソースコードをコンピュータが理解できる機械語に事前に変換（コンパイル）してから、プログラムを実行する。次の図にコンパイラのイメージ例を示す。

それに比べてインタプリタは、ソースコードをコンピュータが理解できる機械語に変換しながらプログラムを実行する。インタプリタは、コンパイラとは違い、ソースコードを即時に実行できるが、機械語に変換しながら実行するため、コンパイラと比べると速度が遅くなるというデメリットがある。

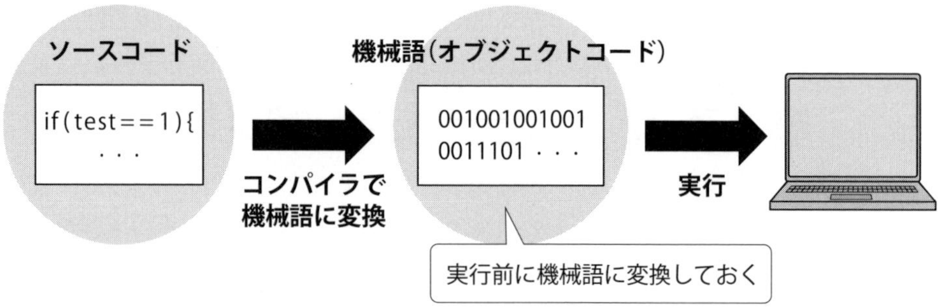

オブジェクトコードとは － ITを分かりやすく解説 https://medium-company.com/より

6.1.2 プログラミング言語の種類

コンパイラを使う代表的な高水準言語には、FORTRAN、COBOL、BASIC、C言語やC++、Javaなどがある。高水準言語とは、プログラミング言語のうち、人間が理解しやすいように作られた言語の総称をいう。また、低水準言語とは、コンピュータが理解できる機械語もしくは機械語に近い「アセンブリ言語」などの言語の総称をいう。以下にコンパイラを使う代表的な高水準言語の特徴を示す。

- FORTRAN（フォートラン）は、1954年にIBMのジョン・バッカス氏によって考案された世界最初の高水準言語で、科学技術計算の分野で使用されているプログラミング言語である。
- COBOL（コボル）は、1959年に事務処理用に開発されたプログラミング言語で、自然言語である英語に近い記述ができることが特徴であり、金額計算などの処理を目的として作られた。
- BASIC（ベーシック）は、1964年に米ダートマス大学のジョン・ケメニー氏とトーマス・カーツ氏によって考案された初心者向けのプログラミング言語である。最初に開発されたBASICはコンパイラ型であったが、1970年代後半～1980年代のBASICのほとんどはインタプリタ型の言語になった。
- C言語は、1972年にAT&T社ベル研究所のデニス・リッチー氏とブライアン・カーニハン氏によって開発されたプログラミング言語で、人間が解釈しやすい高水準言語でありながら、低水準言語のようにハードウェア寄りの記述ができる特徴がある。
- C++（シープラスプラス）は、C言語を機能拡張したプログラミング言語で、オブジェクト指向の要素を加え、さらに効率の良いプログラミングができる。
- Java（ジャバ）は、1995年にサン・マイクロシステムズが開発したプログラミング言語で、プラットフォーム（Windows、macOS、Linuxなど）に依存せず、どのプラットフォーム上でも動かすことができ、インターネットのWebサイトや、ネットワークを利用したシステムなどで使われることが多い。

一方、インタプリタを使う代表的な言語には、PHP、Perl、Ruby、Python などがある。以下に代表的なインタプリタ方式の言語の特徴を示す。

- PHP（ピー・エイチ・ピー）は、Web アプリケーションの開発を得意とするプログラミング言語である。
- Perl（パール）は、1987 年にラリー・ウォール氏によって開発されたスクリプト言語で、スクリプト言語とは習得するのを簡単にするために工夫された言語であり、ソースコードを書けばすぐに実行できるのが特徴である。
- Ruby は、1995 年に日本人のまつもとゆきひろ氏により開発されたオブジェクト指向スクリプト言語で、ソースコードがシンプルで少ないコードにより、簡潔にプログラムを書けるので読み書きしやすいという特徴がある。
- Python は、1991 年にオランダ人のグイド・ヴァンロッサム氏により開発された高水準汎用プログラミング言語で、コードが簡潔でわかりやすいのが特徴で、機械学習や AI の分野で広く活用されている。特定の用途に特化しない汎用プログラミング言語のため、Web 開発やブロックチェーン技術の開発、ゲーム開発、Android アプリ開発など、さまざまな用途で使用されている。代表的な Web アプリケーションとしては Instagram、YouTube、Evernote、Dropbox などが開発されている。

一般的にプログラミングは、文字や記号などのテキストを使ってプログラムを作り上げることを指している。しかし、このテキスト型の言語では、1 文字でも過不足があったり、英文字の大文字と小文字を間違えていたりするだけで、まったく動作しない。

それに対して、図形（ブロック）などを使って、マウスで図形を動かすことにより見た目にわかりやすくプログラミングをできるものが登場した。それを「ビジュアルプログラミング言語」と呼ぶ。ビジュアルプログラミング言語は、プログラムをテキストで記述するのではなく、視覚的なオブジェクトでプログラミングするプログラミング言語である。

文部科学省では 2020 年度から小学校でのプログラミング教育が必修化した。「小学校プログラミング教育の手引き（第三版）（文部科学省，2020：以降「手引き」）では、小学校におけるプログラミング教育のねらいとして、次の 3 点が示されている。

① 「プログラミング的思考」を育むこと。
② プログラムの働きやよさ、情報社会がコンピュータ等の情報技術によって支えられていることに気づくことができるようにするとともに、コンピュータ等を上手に活用して身近な問題を解決したり、よりよい社会を築いたりしようとする態度を育むこと。
③ 各教科等の内容を指導する中で実施する場合には、各教科等での学びをより確実なものとすること。

そこで、Scratch に代表されるような、子供にもわかりやすいビジュアルプログラミング言語であれば、例えば、たった 1 文字の間違いにつまずくことがないため、本来の目的である「プログラミング的思考」の育成等に迫りやすくなる。本書では、Scratch 3.0 を紹介する。

6.2 Scratch プログラミング

6.2.1 Scratch 3.0 とは

Scratch（スクラッチ）は、Scratch 財団がマサチューセッツ工科大学メディアラボライフロングキンダーガーデングループ（MIT Media Lab Lifelong Kindergarten Group）と共同開発する、8～16 才のユーザーをメインターゲットにすえた無料の教育プログラミング言語およびその開発環境である。現在、7082 万以上の Scratcher が登録しており、7611 万以上のプロジェクトが共有されている。

プログラミングと聞くと「パソコンの画面に向かって、難しいことをする」イメージがあるが、Scratch ではブロックをつなげていくだけでプログラミングすることができる。ブロックを組み換えるように順序を変えたり、新しいものを足したりできるので、プログラムを書き換えるのも簡単になる。作ったプログラムがうまく動かなくても、簡単にやり直せるのが特長である。アニメーション、プレゼンテーション、ストーリーゲームなど自由自在につくりあげることができ、作品を世界に公開できる場も用意されている。

6.2.2 Scratch 3.0 を使ってみよう

現在のバージョンの Scratch 3.0 はオンラインエディターからアクセスできる。Scratch の Web サイト（https://scratch.mit.edu/）より、トップページの「作ってみよう」をクリックすると以下の画面が表示される。

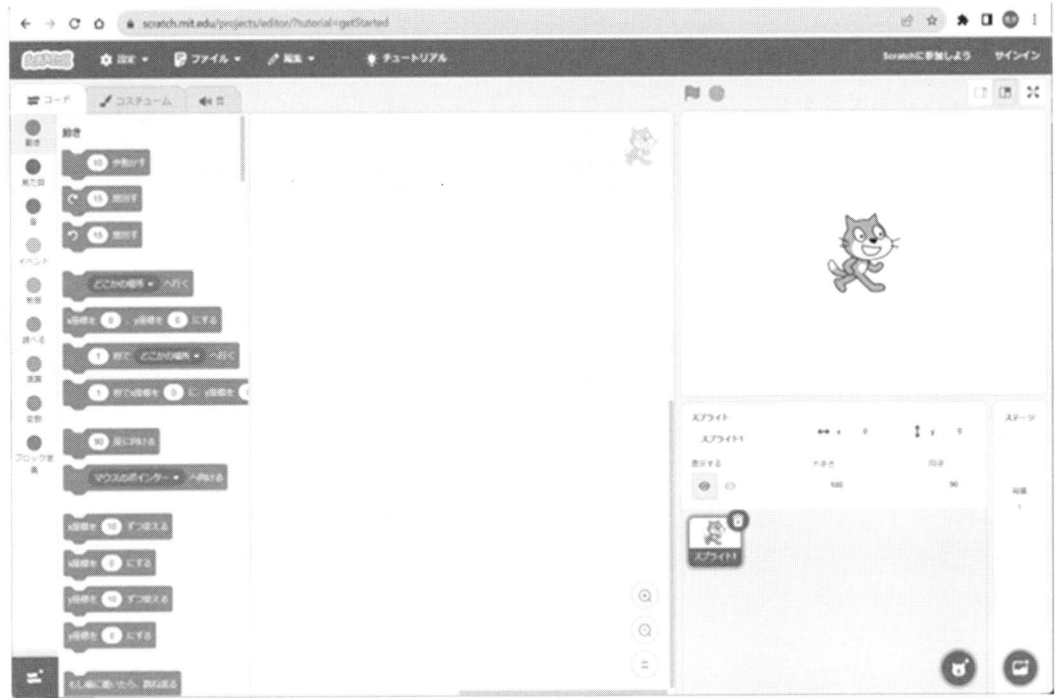

（１） 画面構成

Scratch 3.0 の画面構成は、次の画面の各領域や機能で紹介する。

① メニューバー

メニューバーでは、[地球] アイコンから言語を選択したり、[ファイル] からプロジェクトの読み込みや保存をしたり、[チュートリアル] からプログラムの作り方を動画で見たりすることができる。

② ブロック

ブロックの領域は命令の集まりで、1つのブロックが1つの命令となる。このブロックを組み合わせてプログラムを作成する。

③ コード

コードの領域は、プログラムのコードを作成する場所で、[ブロック] から命令を選んでドラッグして作成する。

④ ステージ

ステージの領域はプログラムを実行する画面である。作成したプログラムは、このステージ上で動作する。

⑤ スプライトと背景

この領域はスプライトや背景を編集する。「スプライト」とは画面に表示されているネコなどのキャラクターのことである。用意されているスプライトや背景は追加ができる。なお、Scratch を起動したときは、ステージ上に Scratch キャットが表示されている。

(2) プログラムの実行

次に Scratch 3.0 でプログラムを実行した画面を示す。

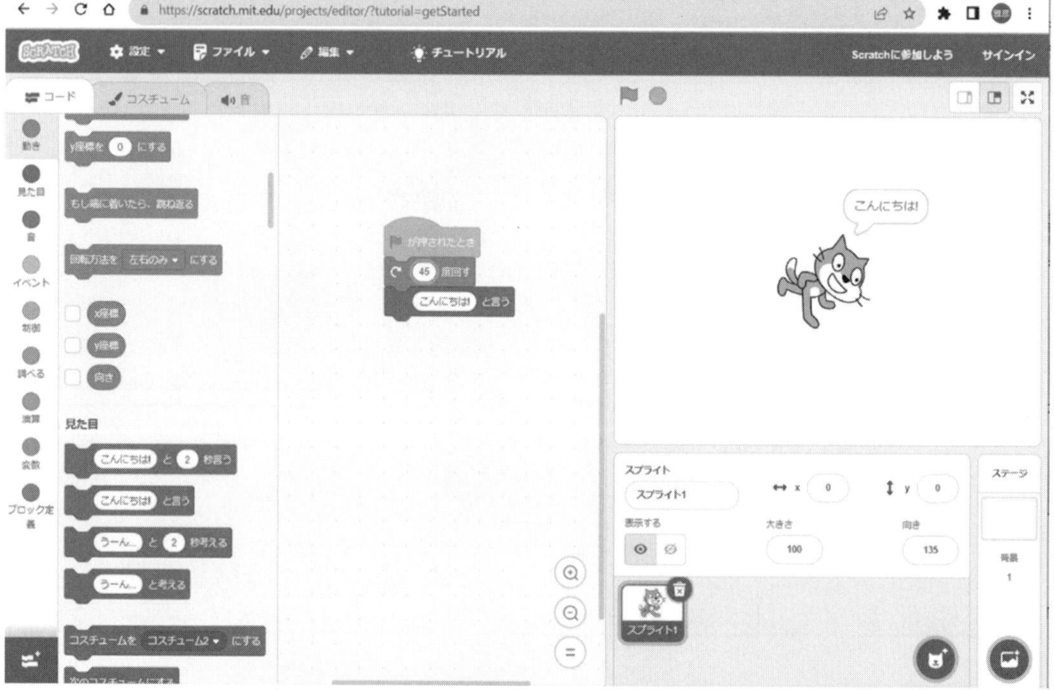

ここでプログラムは、「コード」の領域に置かれた、ブロックにより作成されている。この画面では、以下の3つの動作がプログラムされている。

① 緑色の旗が押されたとき
② 45度右に回し
③ 「こんにちは！」と言う

このプログラムにより実行した結果は、ステージ上で表示されている。

6.2.3 チュートリアルを使ってプログラムを作成

チュートリアル「tutorial」とは、個別指導や指導書などの意味を表す言葉である。Scratch 3.0では、短い時間で見ることのできるさまざまなチュートリアル動画の一覧が用意されている。面白そうな内容を選んで表示すると、ポップアップ画面が表示され、プログラムを組みながら確認をすることができる。

「メニューバー」の［チュートリアル］から、Scratch 3.0の公式チュートリアル一覧が表示される。

「さあ、始めましょう」のチュートリアルを選ぶと、プログラムの作り方を動画で見ることができる。

チュートリアルには、プログラムの作り方を説明した「さあ、始めましょう」の他にも、サックス、ドラム、マイクのビートボックスの音を使った「音楽を作ろう」、ゲームのスコアを表示する「ピンポンゲーム」、録音した音声の速さを変え、フェードインやフェードアウトなどのできる「音の録音方法」などの多種の動画が用意されている。この動画を見ながら、プログラムの作り方を学習することができる。

参考文献

第１章

1） 杉本雅彦，郭潔蓉，岩﨑智史（2019）Microsoft Office を使った情報リテラシー演習テキスト．ムイスリ出版，東京

2） eduroam JP サイト　http://www.eduroam.jp/（参照日 2018.12.28）

3） 井出大作，田淵義朗（2007）図解　中小企業のための間違いだらけの個人情報保護法対策．ナツメ社，東京

第２章

1） 日本教育工学会（2018）執筆の手引き．http://www.jset.gr.jp/thesis/index.html
（参照日 2018.12.28）

2） APA 著，江藤裕之，前田樹海，田中建彦訳（2004）APA 論文作成マニュアル．医学書院，東京

3） 岡本敏雄監修（2013）よくわかる情報リテラシー．技術評論社，東京

4） 東京未来大学図書館 Web サイト．http://www.tokyomirai.ac.jp/library/（参照日 2018.12.29）

第３章

1）Microsoft Word 2013 セミナーテキスト 基礎，日経 BP 社，東京

2）Microsoft Word 2013 セミナーテキスト 応用，日経 BP 社，東京

第４章

1）30 時間でマスター Word&Excel2019 実教出版企画開発部（編集）　実業出版，東京

2）30 時間でマスター Excel2019　実教出版企画開発部（編集）　実業出版，東京

第５章

1）平林純（2009）理論的にプレゼンする技術 聴き手の記憶に残る話し方の極意（サイエンス・アイ新書）．ソフトバンククリエイティブ，東京

2）河合浩之（2010）プレゼンは心を動かすコミュニケーションの時代へ　すごプレ．青志社，東京

3）牧田香・朝霞シキ（2010）電撃 PC ［超解］パワポたん 社会人までに身につけたいプレゼン力を磨け！．アスキー・メディアワークス，東京

第６章

1）増井敏克（2020）基礎からのプログラミングリテラシー，技術評論社，東京

2）ブライアン・カーニハン（2022）教養としてのコンピューターサイエンス講義　第２版，日

経 BP，東京

3）著：ブライアン・カーニハン，訳者：酒匂寛，解説：坂村健（2022）教養としてのコンピューターサイエンス講義　第 2 版，日経 BP，東京

4）オブジェクトコードとは － IT を分かりやすく解説，https://medium-company.com/(参照日 2023.9.25)

5）小学校段階におけるプログラミング教育の在り方について（議論の取りまとめ）（2016），文部科学省

6）稲垣 忠（著，編集），佐藤 和紀（著，編集），堀田 龍也（著），宇治橋 祐之（著），高橋 純（著），& 16 その他（2021），ICT 活用の理論と実践: DX 時代の教師をめざして，北大路書房，東京

7）Scratch（2023），https://scratch.mit.edu/ (参照日 2023.9.22)

索 引

な

は

ま

や

ら

わ

著者紹介

杉本雅彦（すぎもと　まさひこ）　第１章、第２章、第６章
東京未来大学 モチベーション行動科学部 教授・情報教育センター長

郭　潔蓉（かく　いよ）　第３章、第５章
東京未来大学 モチベーション行動科学部 教授・モチベーション行動科学科長

岩﨑智史（いわさき　さとし）　第４章
東京未来大学 モチベーション行動科学部 講師

2024 年 3 月 13 日　初 版　第 1 刷発行

ICT 活用のための情報リテラシー

著　者　杉本雅彦／郭 潔蓉／岩﨑智史　
発行者　橋本豪夫
発行所　ムイスリ出版株式会社

〒169-0075
東京都新宿区高田馬場 4-2-9
Tel.(03)3362-9241(代表)　Fax.(03)3362-9145　振替 00110-2-102907

カット：山手澄香　ISBN978-4-89641-327-4　C3055
印刷・製本：共同印刷株式会社